石油教材出版基金资助项目

石油高等院校特色规划教材

多孔介质力学

王琳琳　编著

石 油 工 业 出 版 社

内 容 提 要

本书系统阐述了多孔介质力学的基本概念、基本原理。全书共六章，包括热力学基础、连续介质弹性、饱和多孔介质弹性、多孔介质传质传热、不饱和多孔介质弹性和多孔介质相变等内容。本书以热力学基本原理为基础，由各种能量形式（应变能、热能、表面能）引出各部分内容，使所有章节形成一个有机的整体。本书所有重要公式均有推导过程，且将推导过程与主体内容进行区分，以兼顾内容的完备性和可读性。

本书可作为高等院校石油工程、土木工程、工程地质、工程力学、材料科学等专业的教材，也可供相关科研人员参考使用。

图书在版编目（CIP）数据

多孔介质力学/王琳琳编著. —北京：石油工业出版社，2022. 3

石油高等院校特色规划教材

ISBN 978-7-5183-5235-7

Ⅰ. ①多…　Ⅱ. ①王…　Ⅲ. ①多孔介质-力学-高等学校-教材　Ⅳ. ①O357. 3

中国版本图书馆 CIP 数据核字（2022）第 025814 号

出版发行：石油工业出版社
（北京市朝阳区安定门外安华里 2 区 1 号楼　100011）
网　址：www. petropub. com
编辑部：（010）64251362
图书营销中心：（010）64523633
经　销：全国新华书店
排　版：三河市燕郊三山科普发展有限公司
印　刷：北京中石油彩色印刷有限责任公司

2022 年 3 月第 1 版　2022 年 3 月第 1 次印刷
787 毫米×1092 毫米　开本：1/16　印张：7. 75
字数：200 千字

定价：20. 00 元
（如发现印装质量问题，我社图书营销中心负责调换）

前 言

20 世纪中叶，比利时裔美国工程师比奥（M. A. Biot）在研究地震波传播问题时建立了多孔弹性理论，第一次对多孔介质的力学行为进行了系统的和科学的分析。经过几十年的发展，多孔介质力学已在理论模型、实验研究、数值模拟等各个方面得到了长足的发展。笔者与多孔介质力学的邂逅源于在法国国立路桥学院求学期间旁听库西（O. Coussy）教授的“多孔介质力学”课程。用热力学的语言去介绍一门力学课程，着实让笔者经历了一番从惊疑到惊叹的过程。这一过程历经十几载，随着时间的推移，笔者越来越感受到多孔世界的奇妙之处和多孔介质力学学科背后深邃的思想。然而，作为一门新兴交叉学科，多孔介质力学的相关教材十分匮乏。基于这种背景，笔者力求出版一本系统介绍多孔介质力学基本理论的教材。

多孔介质力学的基本理论框架来源于连续介质力学。然而，孔隙内流体会发生流动、传热，因此多孔介质力学也涉及很多渗流力学、流体力学和传热学的相关理论。同时，孔隙（尤其是纳米孔隙）的存在使表面现象成为控制多孔介质宏观行为重要的机制，这就涉及物理化学的研究范畴。因此，多孔介质力学是一门涉及多场耦合、多尺度问题的交叉学科。多学科交叉是当代科学界的一大趋势，也对现代高等教育尤其是工科高等教育提出了新的命题。诚如比奥先生在 1962 年接受铁木辛柯奖获奖感言里所说：“工程师和工程师学校将在恢复自然科学的统一性方面发挥重要作用。这是因为，就其本质而言，现代工业是系统性的。极致的专业化是一种死亡和腐朽。”正是在这种背景下，本书试图打破学科壁垒，从自然科学统一性的角度对多孔介质力学进行阐述。

从体现科学统一性的角度分析，热力学无疑是极具代表性的一门学科。正如爱因斯坦所说：“一个理论前提越简单，说明的问题越多，应用的范围越广，越让人印象深刻。热力学就是这样一门让我印象深刻的学科。”从热力学角度，多孔介质是一个流、固多组分的开放系统，涉及应变能、热能、界面能等多种能量形式，其各种宏观物理过程、力学过程本质上都是这些能量间的转化。因此，热力学是研究多场耦合问题十分有效的理论工具。作为热力学开端的卡诺循环，就是研究传热和做功的转化问题。同时，热力学聚焦于系统与环境间的能量传递关系，而不关注系统本身结构上的复杂性，这对研究一般具有复杂孔隙结构的多孔介质材料而言也具有十分重要的意义。

力学是一门古老的学科，其中涉及的很多理论都不是一蹴而就的，而是经历了几十代数学力学家不断“站在巨人的肩膀上”，最终达到了现有的高度。铁木辛柯先生的《材料力学史》很好地总结了人类在研究材料强度问题过程中跨越千年的探索以及这一过程中的曲折和坎坷。因此，如何在如此漫长的理论演化过程中梳理出其中的主线，对于理解和掌握理论本身具有十分重要的意义。正如法国哲学家孔德（A. Comte）所说：“如果不了解一门科学的历史，我们永远无法完全掌握这门科学”。笔者在巴黎综合理工学院求学四年，对这句话体会颇深。本书很多理论的贡献者都来自巴黎综合理工学院：卡诺（S. Carnot）、拉格朗日（J. Lagrange）、傅里叶（J. Fourier）、纳维尔（C. L. Navier）、柯西（A. L. Cauchy）、泊松（S. D. Poisson）、拉普拉斯（P. S. Laplace）、拉梅（G. Lamé）、圣维南（Saint Venant）等。笔者在求学期间有幸拜读了他们的原文，并从中更深刻地理解到他们所建立理论的背景和方法论。因此，本书在撰写过程中也力求从理论发展的历史角度对各个理论进行介绍，以求为读者更好地理解理论本身提供帮助。

本书的内容分为六章：第一章引入热力学的基本概念；第二章主要介绍连续介质力学基础；第三章在前两章的基础上对饱和多孔弹性问题进行介绍；第四章讨论多孔介质传热传质问题；第五章引入界面能及界面现象，进而讨论不饱和情况下的多孔弹性问题；第六章介绍发生在多孔介质内的相变。

法国国立路桥学院的库西教授是第一届比奥奖获得者，出版的三本关于多孔介质力学的专著是这一领域的经典之作，对本书的编写影响巨大。然而，他英年早逝，笔者在此对他表达深深的敬意。中国科学院武汉岩土力学研究所杨典森研究员、天津大学杨荣伟副教授、中国石油天然气集团有限公司沈吉云高工在成书过程中与笔者就书中相关内容进行了充分讨论，并提出了很多宝贵的建议，特此致谢。中国石油大学（北京）岩石力学教学组的各位前辈与同事，特别是陈勉教授、邓金根教授、金衍教授、张广清教授对书稿内容的完善提供了有益的帮助。还要感谢笔者的研究生宫丹妮、成震杰、余诗淦、张水涛、贾凯凯、曹禹轩在文字、图表及校对等方面所提供的帮助。

由于水平所限，书中难免存在不足和错误，还请广大读者批评指正。

王琳琳

2021 年 12 月于北京昌平

目 录

第一章　热力学基础

人类很早就有了“冷”与“热”的感受，但直到19世纪中叶，伴随着蒸汽机的广泛应用，人类才开始关注“热”的本质。1824年法国工程师卡诺（S. Carnot）第一次系统地研究了蒸汽机的效率问题，即热转化为功的限度。他的开创性工作标志着一门全新的学科——热力学的诞生，因此卡诺被公认为“热力学之父”。1840—1848年间，焦耳（J. P. Joule）为热力学第一定律（即能量守恒定律）奠定了实验基础。1850—1851年，基于卡诺的研究成果，克劳休斯（R. J. E. Clausius）和开尔文（L. Kelvin）分别对热力学第二定律做出了经典表述。热力学第一定律和第二定律的形成，科学地解释了两类“永动机”的不可能性，并形成了经典热力学的基本理论框架。1876—1878年，吉布斯（J. W. Gibbs）发表了题为“*On the equilibrium of heterogeneous substances*”的论文，奠定了非均匀系统的热力学理论基础。该论文将化学、相变、电磁等现象整合成一个连贯的体系，从而大大开拓了热力学的研究范畴，热力学也渐渐从一门仅仅关注“热”的学科演变成了可以阐明一切宏观物理、化学现象本质的基础性科学。20世纪中叶开始，热力学研究逐步从平衡态转向非平衡态，并形成了非平衡态热力学理论。

第一节　热力学基本概念

一、系统与环境

热力学是研究物质能量传递的科学。自然界中的一切过程本质上都是一种能量的传递。比如，水从高处流向低处，是势能转化成动能的过程。如果用电动泵将地下水抽到地面上来，则需要消耗电能对水做功并最终使水的势能增大。因此，自然界的一切物理、化学过程都在热力学的框架之内。换言之，自然科学中的任何定理、定律都不能违背热力学的基本规律。从这个意义上说，热力学不仅仅是一门研究“热”的学科，而是一门非常基础的普适性学科。

一门学科最基础的概念是它的研究对象与相关参量。在热力学中，其研究对象被称作为**系统**（system），是针对研究问题选取的一块有明确几何定义的区域。热力学的研究对象（系统）可以是任意物质的任意状态，这种一般性再次体现了热力学的普适性特点。所有不在热力学系统内的区域合称为**环境**（surrounding）。热力学系统与环境是热力学最基础的两个概念，两者之间由边界隔开。

热力学主要研究系统内部及系统和环境之间的能量传递规律，而能量的客观载体是组成系统的物质。能量的传递可以通过物质的交换进行，如人体即通过食物获取能量。能量的传递也可以不通过物质交换，而在不同形式间变化，如可以通过加热水蒸气推动活塞做功。因此，物质与能量是热力学最基本的参量。根据边界上物质与能量的交换方式可以将热力学系统分为三类（图 1-1）：

（1）**开放系统**（open system），系统与环境之间存在物质与能量的交换；

（2）**封闭系统**（closed system），系统与环境之间只有能量交换，没有物质交换；

（3）**孤立系统**（isolated system），系统不与环境交换能量、质量。

热力学中具体用哪些物理参量描述能量和物质，本书将在下面分别进行讨论。

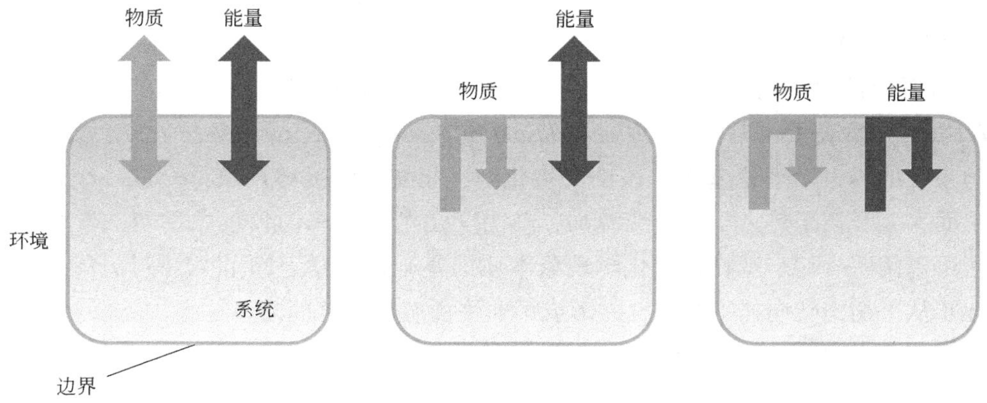

(a) 开放系统　　(b) 封闭系统　　(c) 孤立系统

图 1-1　三种热力学系统

二、能量、热和功

热力学中一个重要的物理量是**功**（work）。如果一个物体受到力的作用，并在力的方向上发生了一段位移，这个力就对物体做了功。功是标量，力是矢量，功的大小等于力 $\boldsymbol{f}$ 与其作用点位移 $\boldsymbol{u}$ 的点积，单位是焦耳（J），$1\text{J}=1\text{kg}\cdot\text{m}^2\cdot\text{s}^{-2}$。

$$\delta W=\boldsymbol{f}\cdot \mathrm{d}\boldsymbol{u} \tag{1-1}$$

热力学中系统的**能量**（energy）是指其做功的能力。环境对一个系统做功（如压缩气体或拧紧发条），整个系统对外做功的能力增加，这种情况下，称环境对系统做正功，$W>0$。反之，当系统对外做功（如让气体膨胀或松弛发条），系统做功的能力将减小，$W<0$。

系统能量的改变并不仅仅通过做功才能实现。当系统和环境温度不同时，系统的能量也会发生改变。这种情况下能量是以**热**（heat）的形式传递的，用符号 Q 来表示。例如，蒸汽机正是利用加热水蒸气使其推动活塞做功。在这个过程中，水蒸气从环境吸热，$Q>0$，系统的能量增加。相反，当热量从系统中转移到环境中时，$Q<0$，系统能量减小。热的单位与功相同，也是焦耳。

由以上讨论可知，对封闭系统而言能量的传递方式有两种：一种是力场作用，表现为做功；一种是温度场作用，表现为传热。这两者在系统能量的改变上具有等价性。可以将系统想象成一个银行：银行可以接受各种货币形式（功和热），但最终都会以能量的形式存储起来。

从微观分子角度看，在力场作用下的做功是分子的一种有序运动，在这个过程中组成系统的所有分子的运动都是一致的；而在温度场作用下的吸热、放热过程是伴随着分子的无序（热）运动进行的（图 1-2）。这两种运动涵盖了所有的分子运动形式，故对于封闭系统而言，能量的传递有且仅有功和热两种方式。这两种能量传递方式分别对应力场和温度场。

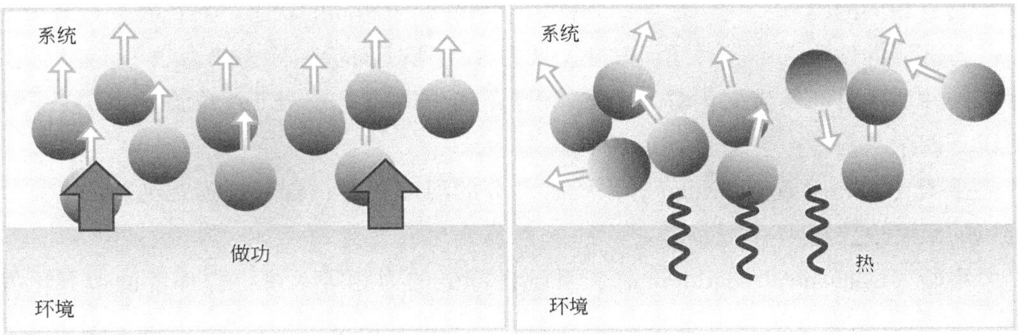

(a) 能量以功的形式传递　　(b) 能量以热的形式传递

图 1-2　功和热的分子解释

三、组分和相

对于开放系统，除了功和热，还可以通过物质的交换进行能量的传递。系统是由物质组成的，物质是能量传递的客观载体；当系统为真空时，无法对外做功，其能量为 0。本部分将讨论描述系统物质的两个重要参量：组分和相。

当系统由物理、化学性质相同的物质组成时，称该系统为**均匀系统**（homogeneous system）。反之，当系统由物理、化学性质不同的物质组成时，称其为**不均匀系统**（heterogeneous system）。系统的不均匀性又可以分为两类。第一类是**组分**（component）不均匀，即系统由具有不同化学性质的物质组成。如大气中含有氮气、氧气、二氧化碳等组分，是一个多组分系统。第二类是**相**（phase）不均匀，即组成物质的化学性质相同但相态（聚集态）不同。比如水在烧开时，液态水和水蒸气共存，是一个气、液混相系统。因此，不均匀系统也常被称为多组分、多相系统。系统内不同组分、相之间有明显的分界面。

通常条件下，物质主要呈现出气态、液态及固态三种相态。气、液、固三种相态的差别本质在于其分子间距离不同，从而表现出不同的物理性质。一般情况下，固相分子间距离最小，相互作用力最大；而气相分子间距离最大，相互作用最小。气相的分子间作用力常忽略不计，从而简化为**理想气体**（ideal gas）。除气、液、固三相外，物质在某些特殊条件下还会呈现为等离子体、超临界流体、超导体、液晶等状态。在少数情况下，液体或者固体还会呈现出不同状态，如固体碳可有无定形、石墨、金刚石、碳 60、碳 70 等状态，而固态水可有 6 种不同晶型。

四、状态函数和状态方程

若一个系统具有确定的物理、化学性质时，则称该系统处于一定的**状态**（state）。两个系统具有相同的物理、化学性质，则称两个系统处于相同的状态。系统在一定环境条件下，其各部分的性质都不随时间而改变，此时系统所处的状态称为热力学平衡态。相反，当系统的性质随时间发生变化时，系统处于热力学非平衡态。处于平衡态的系统必须同时满足以下四个平衡：

热平衡（thermal equilibrium），系统各部分的温度相等；若系统不是绝热的，则系统与环境的温度也要相等。

力平衡（mechanical equilibrium），系统各部分的力相等；系统与环境的边界不发生运动。

由前面的论述可知，这两种平衡涉及系统能量转化的两种形式：功和热。从分子角度，热场和力场分别描述了涉及分子无序运动和有序运动的性质。

对于非均匀系统，系统包括不同组分和相，因此还需要以下两种涉及物质的平衡：

化学平衡（chemical equilibrium），若系统中各物质间可以发生化学反应，则达到平衡后，系统的组分不随时间改变。

相平衡（phase equilibrium），若为多相系统，则系统中的各相的组成和数量不随时间改变。

综上所述，系统的能量和物质的平衡与四个场的关系如下：

$$\begin{cases}\text{能量：功（力场）、热（温度场）}\\ \text{物质：相（相场）、组分（化学场）}\end{cases}$$

1. 状态函数

热力学中采用系统的宏观性质来描述系统的状态，这些宏观性质被称为**状态函数**（state function）。通过前面的讨论可知，热力学中包含能量和物质两类基本参量，主要涉及力场、温度场、化学场、相场。状态函数能够描述这些场的相关性质。对于一个单组分气体系统而言，其状态可以由温度 T、压强 p、体积 V 和物质的量 n 这四个状态函数描述。根据定义，压强等于单位面积上气体施加的压力。从分子角度，这一压力来源于气体分子对容器壁面持续不断的碰撞，这种大量分子的密集碰撞在宏观上会表现出一个稳定的压力。从热力学角度分析，p 是一个表征力场的参量，它表征了两个气体系统是否达到了力平衡，即分离两个系统的边界是否发生移动进而做功。系统边界的移动会引起系统体积的变化，因此 V 也是一个描述力场的参量。而 T 描述了分子无序运动的剧烈程度，是一个热场参量，它表征了两个系统间是否达到了热平衡，即系统间是否有热量的传递。n 描述了系统中组分分子的数量，是一个表征物质的参量。

除了上述常见状态函数外，本书在接下来的内容里还将陆续引入四种关于能量的状态函数，分别为内能 U、焓 H、亥姆霍兹自由能 F、吉布斯自由能 G。这四种能量函数分别适合表征系统在某些特定过程（如等温、等容、绝热等过程）中能量的传递。另外，也会引入一些类比于 p 和 V 等用来描述热力学四场的相关状态函数，如热容 C、熵 S、化学势 μ 等。

状态函数的变化值取决于系统的始态和终态，与变化所经历的路径无关。与之相对应的，与变化所经历的路径有关的函数被称为**路径函数**（path function）。例如，功和热都是路径函数。

状态函数可以分为两类：一类是**广延变量**（extensive variable），与系统中的物质的量有关，如体积 V 等；另一类是**强度变量**（intensive variable），与系统中物质的量无关，如压强 p、温度 T 等。

2. 状态方程

系统的状态由状态函数来表征。然而，大量的实验结果表明，系统的状态函数并不是完全独立的，而是会存在某些定量关系式。状态函数之间的定量关系式被称为**状态方程**（state equation）。例如，实验表明，单组分气体系统的四个状态函数（T、p、V、n）中只要有三个确定，第四个随之确定。换言之，存在一个状态函数将这四个量关联起来。对于单组分理想气体，其状态方程数学表达式为

$$pV = nRT \tag{1-2}$$

式中 R 为理想气体常数，$R = 8.3\mathrm{J/(mol \cdot K)}$。上式适用于完全忽略分子间相互作用的理想气体。然而对于真实气体，分子间存在相互作用力，比较经典的状态方程**范德瓦耳斯方程**[1]（van der Waals equation）为

$$\left(p+\frac{a}{V_\mathrm{m}^2}\right)(V_\mathrm{m}-b) = RT \tag{1-3}$$

式中 $V_\mathrm{m} = V/n$ 表示物质的摩尔体积，即 1mol 气体所占的体积。范德瓦耳斯方程通过系数 a 和 b 对理想气体状态方程进行了修正。由于分子间存在斥力，因此气体不能被无限压缩，气体分子本身占有的体积为 nb。由于分子间引力的作用，分子碰撞的频率会减小，

[1] 旧称范德华方程。

进而压强也会减小。分子间引力的作用强度与浓度 n/V 成正比，因此压强的减小项写为 a/V_m^2。

第二节 热力学第一定律

人类曾热衷于制造一种不需要环境提供能量就可以不断对外做功的机器——第一类永动机。第一类永动机的尝试最终宣告失败，人们由此总结出了热力学第一定律，即能量守恒定律。

一、内能

在热力学中，系统的能量被称为**内能**（internal energy），又称热力学能，用符号 U 来表示。内能的单位与功和热相同，为焦耳。从分子角度分析，内能等于组成系统所有分子的动能以及各种势能的总和。分子的动能与温度有关：温度升高，分子运动加剧，其动能随之增大，系统内能相应增加。分子的势能与分子间作用力和分子间距离有关：当分子间为引力时，分子间距变大，势能增加。因此，系统的内能还与体积有关。当达到热力学的最低温度 0K（=−273.15℃）时，物体分子无动能和势能，此时物体内能为零。对于理想气体，由于忽略了分子间作用力，分子仅有动能，势能为零，因此理想气体的内能仅与温度有关。另外需要注意的是，系统内能不包括由系统整体运动产生的动能，例如地球绕太阳公转时所伴随的动能。这也是其称为“内”能的原因。

焦耳于 1840 年在绝热箱中通过多种方法对水做功（如图 1-3 所示），发现无论以何种方式，使水升高相同温度所需的功是一致的。在这些实验中，系统与环境没有热量交换，$Q=0$，为绝热过程；因此环境对系统做的功完全转化为系统的内能。这表明内能的变化只与初始和最终状态有关，而与过程（采用何种做功方式）无关，因此内能是一个状态函数。

二、能量守恒定律

人类从大量的实验中发现：能量既不会凭空产生也不会凭空消失，但能量可以进行传递，且在传递过程中能量的总值保持不变。这一普遍规律被称为**热力学第一定律**（first law of thermodynamics），或能量守恒定律。如前所述，封闭系统中系统能量的传递有且仅有做功和传热两种形式。因此，对于封闭系统，热力学第一定律的数学表达式为：

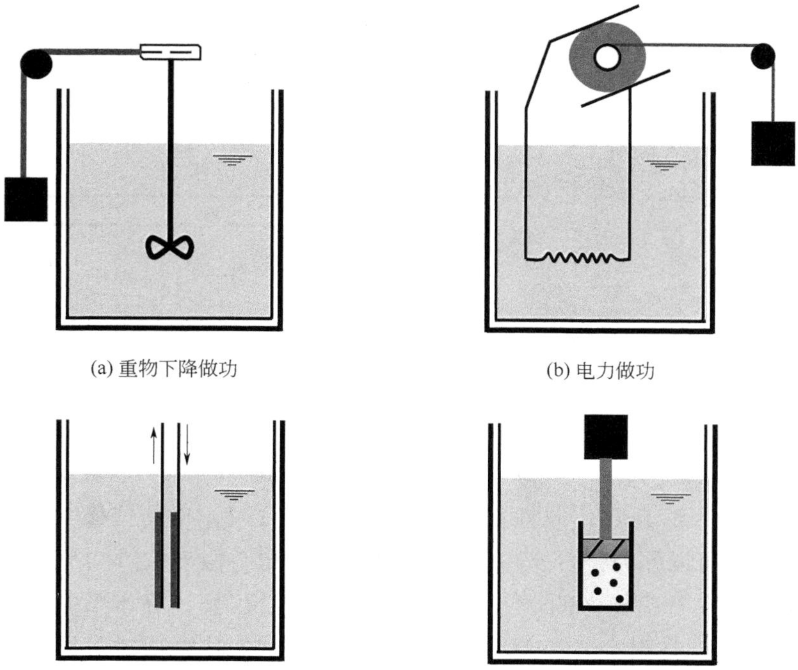

(a) 重物下降做功　(b) 电力做功

(c) 摩擦铁片做功　(d) 气体压缩做功

图 1-3　焦耳实验示意图

$$dU=\delta Q+\delta W \tag{1-4}$$

上式表述为一个封闭系统的内能增量等于系统从环境中得到的热量与环境对系统做功之和。当环境对系统做功、传热时，$W>0$，$Q>0$；当系统对环境做功、传热时，$W<0$，$Q<0$。我们可以看出孤立系统的内能是恒定的，$Q=0$，$W=0$。因此第一类永动机不可能存在。另外，开放系统内能的变化可以通过物质交换进行，因此式(1-4）不适用于开放系统。

式(1-4）中，内能是一个状态函数，仅对应当前时刻，其变化量只与系统的始末状态有关，因此内能无穷小变量用**全微分**（total differential）dU 表示。然而热与功对应于过程，其数值不仅与始末状态有关，还与经历的路径有关，因此为路径函数。路径函数的微小变量用**不完全微分**（incomplete differential）表示，即 δQ、δW。

热力学常根据做功过程中系统体积是否发生变化将功分为两种：**膨胀功**（expansion work）和**非膨胀功**（non-expansion work）。对于气体而言，膨胀功的定义式为（推导过程见后）：

$$\delta W=-p_{ex}dV \tag{1-5}$$

式中，p_{ex} 表示环境作用于系统的压强，称为外压。其中的负号表示外压与系统体积膨胀的方向相反。当系统体积膨胀时（$dV>0$），环境对系统做负功（$\delta W<0$）；当系统被压缩时，环境对系统做正功。

推导过程

假设一个活塞容器活塞面积为 A，假设外界压强为 p_{ex}，那么气体受到的力为 $p_{ex}A$。根据式(1-1)，当系统在外部压强 p_{ex} 的作用下经过距离 dz 时，所做的功为

$$\delta W=-p_{ex}A\mathrm{d}z$$

由于 $A\mathrm{d}z$ 为体积变化量 dV，即可得到式(1-5)。

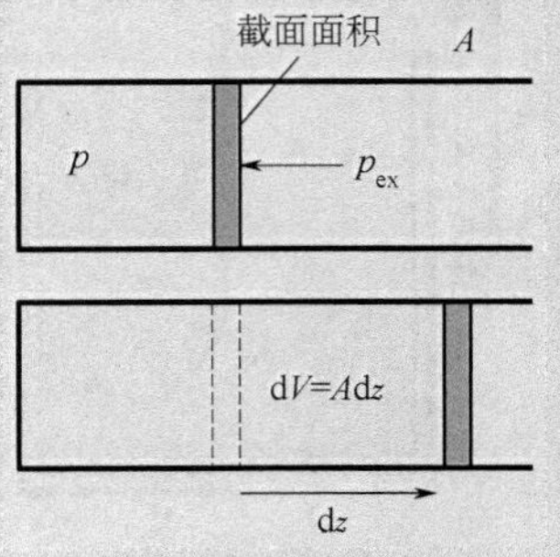

非膨胀功也称附加功，如电功。与膨胀功相类似，附加功也可以表示成一个广延变量和强度变量的乘积（表 1-1）。这些广延变量类似于式(1-1) 中的位移，表征了物质分子的有序运动，因此可以称为“广义位移”；这些强度变量类似于式(1-1) 中的力，表征了系统产生单位“位移”需要做的功，因此可以称为“广义力”。在本书的剩余部分，除非有特殊说明，一般忽略附加功，只考虑膨胀功。当忽略附加功时，结合式(1-4) 和式(1-5)，热力学第一定律的表达式也可写为

$$\mathrm{d}U=-p_{ex}\mathrm{d}V+\delta Q \tag{1-6}$$

表 1-1　功的种类

功的种类	公式	对应物理量
功	$\delta W=\boldsymbol{f}\cdot \mathrm{d}\boldsymbol{u}$	$\boldsymbol{f}$ 为外力，N
		$\boldsymbol{u}$ 为位移，m
膨胀功	$\delta W=-p_{ex}\mathrm{d}V$	p_{ex} 为外压，Pa
		V 为体积，m^3
表面功	$\delta W=\gamma \mathrm{d}A$	γ 为表面张力，N/m
		A 为面积，m^2
电功	$\delta W=E_p\mathrm{d}Q_e$	E_p 为电势能，V
		Q_e 为电荷，C

三、平衡、可逆与最大功

自然界中会进行各种物理、化学过程，这些过程按照发生的条件可以分为等温过程、等压过程、绝热过程等。在这些过程中，系统与环境会通过做功、传热等方式进行能量交换。此处讨论过程的可逆性与最大功之间的关系。

考虑理想气体在等温条件（T=常数）下从初始体积 V_i 采用不同的路径膨胀至终止体积 V_f（见图 1-4），设想活塞上放置一堆沙粒，开始时沙堆的重力 p_{ex} 与气体对活塞的压

力 p 相同，即系统与环境处于力学平衡状态，$p_{ex}=p=p_i$。忽略活塞重量以及活塞与容器壁之间摩擦，探讨用不同的方式取走沙粒时系统的做功情况。

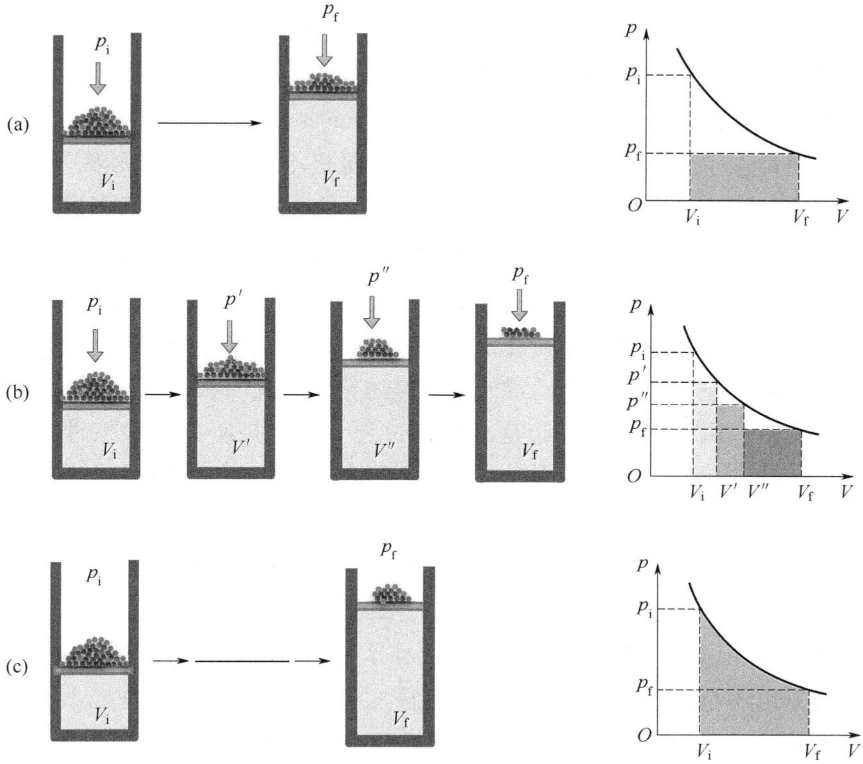

图 1-4　恒温理想气体膨胀示意图

(1) 自由膨胀：当一次性取走全部沙粒时，系统在真空中膨胀，外压 $p_{ex}=0$。由式(1-5)可得系统自由膨胀时 $W=0$，该过程中环境对系统不做功。

(2) 恒温等外压膨胀：当一次性取走部分沙粒时，系统在恒定外压作用下膨胀，该过程的膨胀功为图 1-4(a) 中阴影部分面积，其计算式为

$$W_a=-\int_{V_i}^{V_f}p_{ex}\mathrm{d}V=-p_f(V_f-V_i)$$

(3) 恒温多次等外压膨胀：当分多次取走沙粒时，初始外压从 p_i 经 p'、p''逐步降低到 p_f，气体体积从 V_i 经 V'、V''逐步膨胀到 V_f，该过程的膨胀功为图 1-4(b) 中阴影部分面积之和，其计算式为：

$$W_b=-p'(V'-V_i)-p''(V''-V')-p_f(V_f-V'')$$

(4) 无限次等外压膨胀：最后考虑恒温多次等外压膨胀的一个极端情况，即无限次等外压膨胀。这种情况下，每次只取走一粒沙，外压减小一个无限小量 dp，这时气体膨胀，直到内压也降低 dp。再取走一粒沙，气体又膨胀，以此类推，直到达到终止状态。在这一过程中，系统内压与环境外压时时相等，即这个膨胀过程每一步都接近平衡态。该过程的膨胀功为图 1-4(c) 中阴影部分面积，其计算式为

$$W_c=-\int_{V_i}^{V_f}p_{ex}\mathrm{d}V=-\int_{V_i}^{V_f}p\mathrm{d}V=-nRT\ln\frac{V_f}{V_i}\text{（理想气体）}\tag{1-7}$$

无限次等外压膨胀一个重要特点是：当在终止状态又重新一粒粒放回沙粒，系统和环境可以按原途径完全回到初始状态。系统和环境可以沿着原来的路径逐步恢复到初始状态而不引起其他变化的过程被称为**可逆过程**（reversible process）。反之，若不能使系统和环境恢复到初始态，则称为**不可逆过程**（irreversible process）。

在上述可逆过程中，每一子过程中外压的改变量极小，过程进展无限缓慢，系统与环境无限趋近于平衡状态。这种由一系列无限接近于平衡状态组成的过程被称为**准静态过程**（quasi-static process）。准静态过程中的平衡状态包含两方面含义：首先，系统和环境之间无限接近于平衡；其次，系统内部处处平衡。在前三个过程中，如果不考虑活塞运动的加速度，气体靠近活塞的部分需要和外压平衡，而系统内部的压强更接近内压；因此系统内部压强并不均匀，并不能用一个确定的量来描述整个系统的状态。

需要指出的是，所有可逆过程都是准静态过程，但不是所有准静态过程都是可逆过程。如果活塞在运动过程中和壁面有摩擦，这个过程虽然可以通过无限次等外压膨胀实现准静态，但由于能量耗散无法回复到初始态，因此不是一个可逆过程。

通过比较几类膨胀过程可以发现，虽然起始和终止状态相同，但可逆过程中系统对外做功最多（$-W_a<-W_b<-W_c$）。这主要是因为在可逆过程中，环境外压与系统内压时时相同，且没有能量损耗。需要指出的是，做功本身是一个路径函数，即使初始和终止状态相同，做功的数值也还与过程的路径有关。上述膨胀都是沿着等温路径进行的，当膨胀过程沿着其他路径时（如绝热膨胀），其系统做功情况也会不同。因此，关于可逆过程与最大功的严谨表述应为：**对于一个起止状态相同、路径确定的过程，可逆过程比不可逆过程对外做功更多**。

可逆过程进展无限慢，实际意味着静止，因此是一个理想过程。实际发生的过程都是不可逆过程，只是在某些特定条件下，例如过程发生时间足够长，可以将其简化为可逆过程来考虑。

四、焓

由式(1-6)可以看出，内能的变化等于在等容条件下（V=常数）以热形式传递的能量，这可以看成内能的一种物理意义。然而，很多过程是在定压条件下进行，系统体积会发生变化。这时，如图 1-5 所示，系统吸收的热量会有一部分转化为膨胀做功而还给环境，系统内能的增加量小于吸收的热量，$\mathrm{d}U\neq\delta Q$。

为此，引入一种新的状态函数——**焓**（enthalpy），定义其计算式为

$$H=U+pV\tag{1-8}$$

结合式(1-6)，其微分表达式为

$$\mathrm{d}H=V\mathrm{d}p+\delta Q\tag{1-9}$$

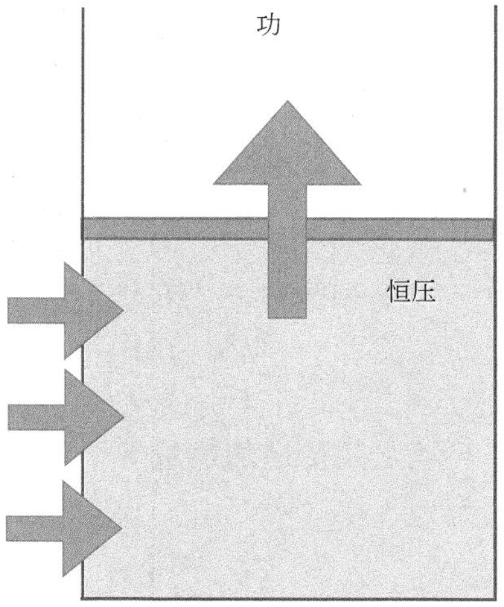

图 1-5　焓的物理意义

由上式可以看出，焓变等于在等压条件下以热形式传递的能量。例如通过电热器给敞口烧杯中的水提供 20kJ 的能量，此时可以说水的焓增加了 20kJ，但内能变化小于 20kJ。从数学角度看，焓的定义是对内能表达式进行了一个**勒让德变换**（Legendre transformation），进而将其自变量 V 换成了 p（图 1-6）。

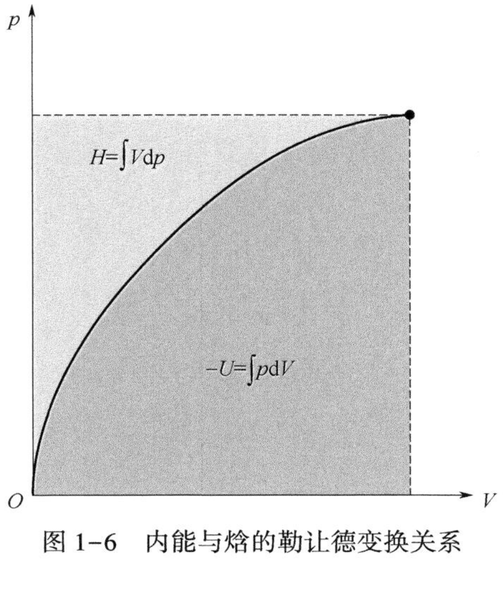

图 1-6　内能与焓的勒让德变换关系

五、热容

物理学中通常采用量热法测量热量，即通过测量温度 T 的变化确定 Q，有

$$\delta Q = C\mathrm{d}T \tag{1-10}$$

式中 C 为**热容**（heat capacity）。热容表征了使物体升高单位温度所需要的热量，其单位为 J/K。物体升温所需的热量与物体的质量有关，因此热容是个广延变量。与膨胀功和附加功类似，通过式(1-10)，将热量也表示为一个广延变量和强度参量的乘积形式。

热容按过程条件可以分为等容热容和等压热容。由之前讨论可知，在不考虑附加功时的等容过程中，内能的变化等于系统与环境之间传递的热量：$\mathrm{d}U=\delta Q_V$，其中下标 V 表示恒定体积。因此，**等容热容**（heat capacity at constant volume）定义式为

$$C_V=\frac{\delta Q_V}{\mathrm{d}T}=\left(\frac{\partial U}{\partial T}\right)_V \tag{1-11}$$

在等压情况下，系统与环境之间传递的热量等于焓变，故**等压热容**（heat capacity at constant pressure）的定义式为

$$C_p=\frac{\delta Q_p}{\mathrm{d}T}=\left(\frac{\partial H}{\partial T}\right)_p \tag{1-12}$$

定义了热容后，可以研究理想气体在绝热膨胀过程中内能的变化。该过程中系统对外做功（$W<0$）且没有热量交换（$Q=0$），其温度与体积满足如下关系式(推导过程见后)：

$$V_\mathrm{i}T_\mathrm{i}^c=V_\mathrm{f}T_\mathrm{f}^c \tag{1-13}$$

其中 $c=C_V/(nR)$。上式表示理想气体绝热过程中 VT^c 为一恒值。

推导过程

在绝热过程中，$Q=0$，根据热力学第一定律，在不做非膨胀功时有 $\mathrm{d}U=\delta W$，其中

$$\mathrm{d}U=C_V\mathrm{d}T$$

$$\delta W=-p\mathrm{d}V$$

将理想气体状态方程式(1-2) 代入，有

$$C_V\frac{\mathrm{d}T}{T}=-nR\frac{\mathrm{d}V}{V}$$

对上式两端积分可得式(1-13)。

第三节　热力学第二定律

热力学第一定律指出能量可以传递，但过程中必须保持能量守恒，因此从理论上否定了第一类永动机的存在。随着蒸汽机的出现，人类开始关注能量转化效率的问题，并提出

是否存在能将热量完全转化为功的蒸汽机，即第二类永动机。对热和功转化程度的研究即为热力学第二定律的主要内容。

一、自发过程以及能量的分散

能量的转移和转化具有方向性，例如处于室内（环境）的一杯热水（系统）会慢慢降温，热量从热水转移到低温环境中，而不是从低温环境到热水中。若要能量从低温系统向高温环境转移（例如电冰箱），环境必须对系统做功。因此，将不需要外力做功就可以发生的过程定义为**自发过程**（spontaneous process）。

自发过程的方向性是由什么决定的呢，是朝着能量最小的方向进行吗？然而接下来的事实否定了这种猜想：假设在自发过程中系统的能量确实减少了，那么它周围环境的能量必然会增加（由热力学第一定律），但环境能量的增加和系统能量的减少都是一种自发过程。

大量的实践经验告诉我们，系统和环境的总能量都朝着更加分散的方向进行。下面通过一个球（系统）在地面（环境）的弹跳来进一步理解能量分散（图 1-7）。由于球与地面碰撞存在非弹性的损耗，它最终会静止在地面上。发生撞击时球的动能转换为空气中分子和地面原子无规则的热运动能量，让整体的能量变得更加分散了。显然小球从弹跳到停止的这个自发过程中，其方向与整体的能量分散方向一致。然而加热地板却不会让球向上弹起，因为小球若向上运动，组成小球的所有原子必须一致地向单个方向运动，这种将分散的能量集中到一点是不可能自发实现的。

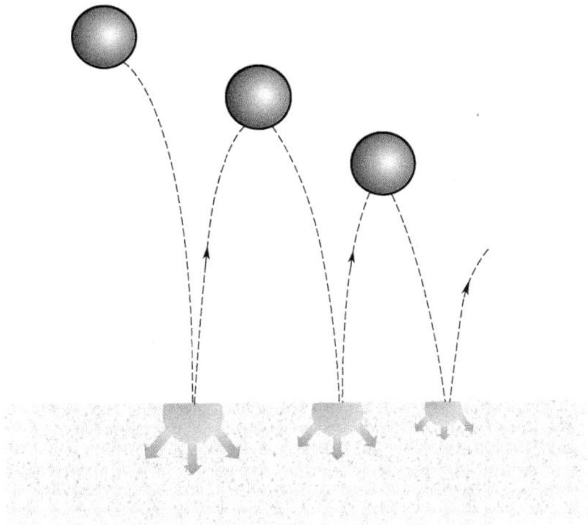

图 1-7　弹跳小球的自发过程方向性

由此我们发现，任何自发过程的方向都和能量的分散程度密切相关：**对于孤立系统，自发过程朝着能量更加分散的方向进行**。这也可以作为从能量分散角度对热力学第二定律的一种表述。

自发过程的方向与能量的分散密切相关。能量的两种传递形式中，做功对应分子的有序运动，而传热对应分子的无序运动。因此，热力学第二定律研究自发过程的方向性，其核心就是研究功和热的相互转化规律，即热和功之间如何转化？热能否完全转化为功？二者之间转化的限度如何？后文将详细讨论这些问题。

二、热功转化效率

回顾历史，热功转化规律的研究最初是以热机的效率问题为发端的。18 世纪，工业蒸汽机的出现使热功转化成为现实。蒸汽机是一种热机，它能利用工作物质受热膨胀对外做功。自诞生之日起，热机的热功转换效率问题就备受关注，人类在很长一段时间都在寻找可以使热完全地转化为功的热机，即第二类永动机。然而 1824 年法国工程师卡诺提出的卡诺循环证明了这种猜想的不可能性，即热功转化的效率不可能达到 100%。正是基于卡诺的开拓性发现，英国科学家开尔文和德国科学家克劳修斯最终总结得到热力学第二定律。

1. 卡诺循环

卡诺循环是为了研究热机效率问题提出的一种理想循环，该循环包括两个等温可逆过程以及两个绝热可逆过程，沿卡诺循环过程工作的热机称为卡诺热机。首先考虑理想气体的卡诺循环（见图 1-8），角标 h 代表高温热源，c 代表低温热源。

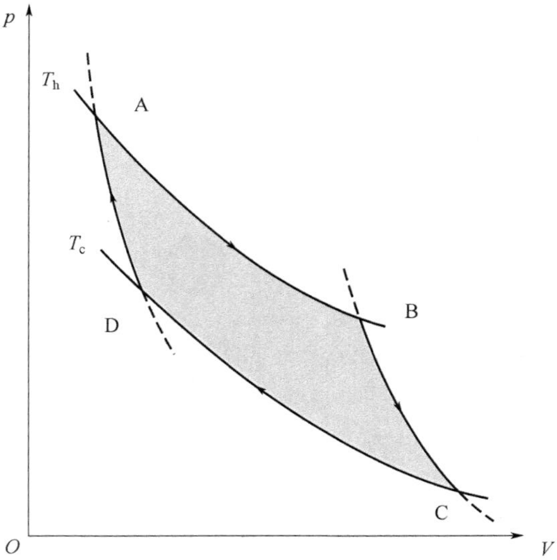

图 1-8　卡诺循环

如果将热机工作介质视为系统，那么热源即为环境。四个可逆过程可以分为两类：

（1）可逆等温膨胀（A~B）和压缩（C~D）：整个过程保持恒温，内能变化为零即 $\Delta U=0$，A~B 过程中系统获得的热量满足 $Q_h=-W_h$，C~D 过程中系统放出的热量满足 $-Q_c=W_c$。

（2）可逆绝热膨胀（B~C）和压缩（D~A）：绝热过程中系统与环境之间无热量传递，故 $Q=0$。因此，B~C 过程中系统内能的变化 $\Delta U=W=C_V(T_c-T_h)$，对外做功导致系

统温度从 T_h 降至 T_c。而 D～A 过程中环境对系统做的功全部转换为系统内能 $\Delta U=W=C_V(T_h-T_c)$，系统温度从 T_c 上升到 T_h。

整个卡诺循环过程结束后的净变化为：从高温热源中吸收热量 Q_h，给低温热源传递热量 $-Q_c$，以及系统对外做净功（图 1-8 中四条曲线围住的面积）。对于卡诺循环过程，可以得到（见推导过程）：

$$\frac{Q_h}{Q_c}=-\frac{T_h}{T_c}\text{或}\frac{Q_h}{T_h}+\frac{Q_c}{T_c}=0 \tag{1-14}$$

推导过程

理想气体的内能仅是温度的函数。在理想气体的等温可逆过程中，内能保持不变，据式(1-2) 以及式(1-4) 得到，从高温热源吸收的热量 Q_h 和传给低温热源的热量 $-Q_c$ 表达式为

$$Q_h=nRT_h\ln V_B/V_A \qquad Q_c=nRT_c\ln V_D/V_C$$

对于理想气体绝热可逆过程，根据式(1-13) 可得

$$V_A T_h^c=V_D T_c^c \qquad V_C T_c^c=V_B T_h^c$$

整理得

$$\frac{V_A}{V_B}=\frac{V_D}{V_C}$$

因此传递给低温热源的热量表达式变为

$$Q_c=nRT_c\ln\frac{V_D}{V_C}=-nRT_c\ln\frac{V_B}{V_A}$$

两个热量之比的表达式为

$$\frac{Q_h}{Q_c}=\frac{nRT_h\ln(V_B/V_A)}{-nRT_c\ln(V_B/V_A)}=-\frac{T_h}{T_c}$$

即得到式(1-14)。

需要指出，上述推导过程考虑了理想气体。但可以证明，式(1-14) 适用于所有工作物质。定义热机效率为热机在一次循环中做的功 $|W|$ 与其从高温热源中获得的热量 Q_h 之比（注意 $Q_c<0$），其计算式为

$$\varepsilon=\frac{|W|}{Q_h}=\frac{Q_h+Q_c}{Q_h} \tag{1-15}$$

将式(1-14) 代入式(1-15)，可逆循环热机效率可以表示为

$$\varepsilon_{rev}=1-\frac{T_c}{T_h} \tag{1-16}$$

式(1-16) 即为**卡诺定理**（Carnot theorem）。可以看出，可逆热机的效率只与两个热源的温度有关，因此在相同两热源之间工作的所有可逆热机效率是相等的。另外，根据前面的讨论，可逆过程中系统做功最多，由此可以进一步得到卡诺定理的推论：在相同两热源间工作的所有热机中，可逆热机的效率最大。将式(1-14) 与式(1-16) 结合，可以得到不可逆循环时热温商之和小于零：

$$\frac{Q_h}{T_h}+\frac{Q_c}{T_c}<0$$

2. 热力学第二定律的开尔文表述

卡诺定理表明了热无法完全转化成功，热机效率存在一个极限值。基于卡诺的成果，开尔文在1851年提出了热力学第二定律的一种表述：**不可能制造出一种只靠吸收环境中的热量并完全转化为功的热机。**

开尔文表述直接否定了第二类永动机的可能性。所谓第二类永动机，是假想出的一种将高温热源提供的热量全部转化为功的热机。这并不违背热力学第一定律，但热力学第二定律表示第二类永动机是不可能制造出的。根据卡诺循环，所有热机工作时都是从高温热源吸热，向低温热源放热，而中间只有一部分热量能对环境做功，如图1-9所示，其效率不可能为100%。

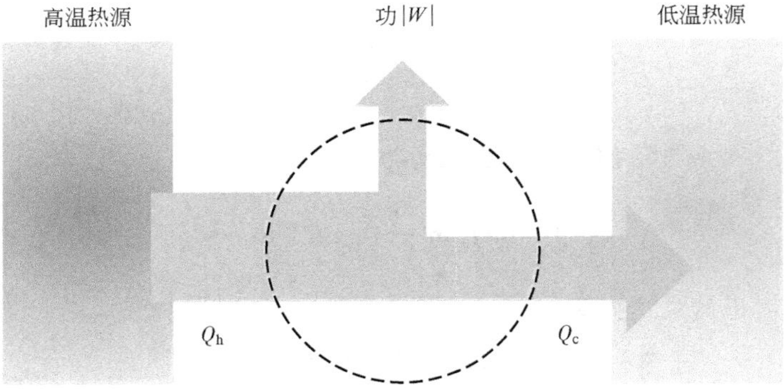

图1-9　热机工作时的热功转化

三、熵增原理

热力学第二定律揭示了自然界中一切宏观过程都是具有方向性的，为了更好地表示热力学第二定律，1865年，德国物理学家克劳修斯基于卡诺循环提出了熵的概念来表述热力学第二定律。熵的提出，推动了人们对于热力学的认知，由熵这个概念演化出的熵增原理更好地阐述了热力学第二定律的本质。

1. 熵

将卡诺循环的结果推广到任意可逆循环中，如图1-10所示，MN为循环中的某一子过程，过这两点分别做两条等温线 AB、CD 使得区域 AON 与区域 DOM 的面积相同，另一侧的阴影区域也同理，则 ABCD 构成了一个小卡诺循环。类似地，任意可逆循环都可以分成许多个首尾相连的小卡诺循环，这些小卡诺循环的总和形成了沿着任意可逆循环的近似闭合折线。

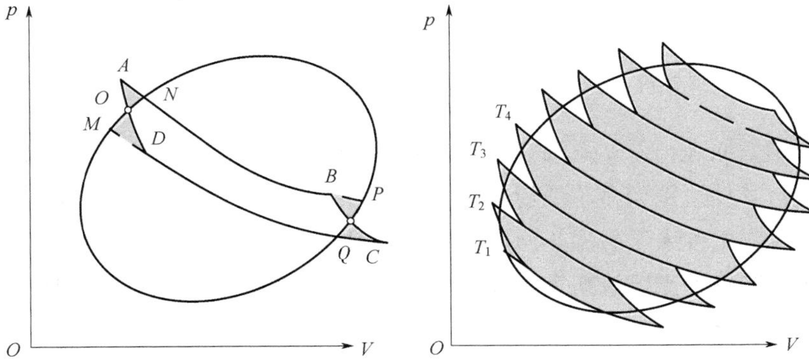

图 1-10　多热源任意循环

根据式(1-14) 得到每个小卡诺循环遵循以下关系式：

$$\frac{Q_1}{T_1}+\frac{Q_2}{T_2}=0 \quad \frac{Q_3}{T_3}+\frac{Q_4}{T_4}=0 \quad \cdots$$

随着划分的小卡诺循环数目逐渐增多，折线所围成的过程越来越趋近曲线所经历的过程，近似变得更加精确。当 $n\to\infty$ 时求和 Σ 可以用环积分 $\oint$ 代替，即任何一个可逆循环均可用无限多个小卡诺循环之和替代，因此

$$\lim_{n\to\infty}\sum_{i=1}^{n}\frac{Q_i}{T_i}=\oint\frac{\delta Q_{rev}}{T}=0 \tag{1-17}$$

由此可以看出，无论系统初始状态和最终状态之间的路径如何，在整个可逆循环周期内热量与温度比值的环积分为零。一个参量的环积分为零，表明这个参量只与初始和最终状态有关，即为一个状态函数。因此，式(1-17) 表明，虽然 Q 是一个路径函数，但对于一个可逆过程 $\delta Q_{rev}/T$ 为一状态函数，将这个状态函数用一个新的概念来表示，即为**熵**(entropy)，单位为 J/K。

$$dS=\frac{\delta Q_{rev}}{T} \tag{1-18}$$

2. 克劳修斯不等式

由最大功原理，对于一个起止状态相同、路径确定的过程，可逆过程相对不可逆过程做功更多，即 $-\delta W_{rev}>-\delta W$。又因为内能 U 是一个状态函数，当起止状态相同时，内能的变化量 dU 相同，由热力学第一定律有 $\delta Q_{rev}>\delta Q$。因此，可以得到

$$\frac{\delta Q_{rev}}{T}>\frac{\delta Q}{T}$$

将式(1-18)代入上式得到克劳修斯不等式：

$$\begin{cases} dS > \dfrac{\delta Q}{T} & (\text{不可逆}) \\ dS = \dfrac{\delta Q}{T} & (\text{可逆}) \end{cases} \tag{1-19}$$

对于孤立系统，$Q=0$，上式可表示为

$$\begin{cases} dS > 0 & (\text{不可逆}) \\ dS = 0 & (\text{可逆}) \end{cases} \tag{1-20}$$

上式即为熵增原理：孤立系统自发过程总沿着熵增大的方向进行。可以通过熵变原理来判断过程的自发性。例如，单纯传热时（见图1-11），热量从高温热源转移到低温热源，低温热源熵增幅度大于高温热源熵减幅度，因此总熵增加，该过程为自发过程。这也正是**热力学第二定律的克劳修斯表述**（1850年）：**热量不可能单一地从低温物体转移到高温物体而不产生其他影响。**

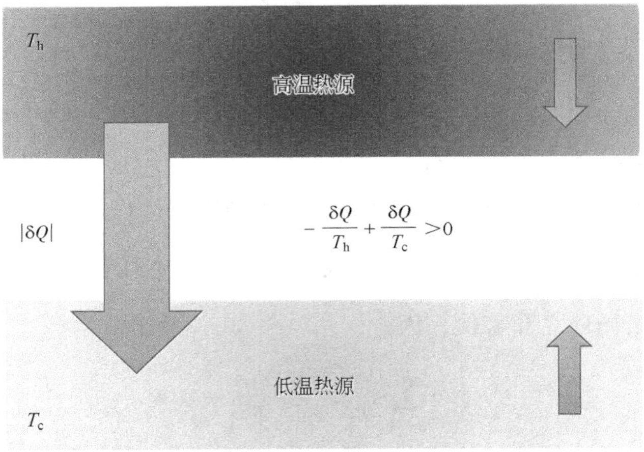

图1-11 传热的熵变

根据前文的讨论，热力学第二定律可以从能量分散程度、热功转化效率、熵等不同角度进行表述，但这些表述的物理本质是相同的，表述之间也是等价的。对于孤立系统，自发过程向着系统能量更加分散的方向进行。在能量的两种传递方式中，热对应分子无序运动，能量更加分散；功对应有序运动，能量更加集中。因此，功可以完全转化成热，但热不能完全转化成功，对应开尔文表述。同时，熵增原理表明孤立系统的自发过程向着熵增的方向进行。因此，熵可以表征能量分散程度，也可以表征系统无序程度，这即为熵的物理意义。

四、亥姆霍兹自由能和吉布斯自由能

熵增原理判断一个封闭系统的自发性不仅需要考虑系统的熵变，还要考虑环境的熵变。由于这种判断方法在实际应用中并不简单，考虑只用系统中的某种状态函数来判断过程的方向性，由此引入两个新的状态函数：亥姆霍兹自由能和吉布斯自由能。

亥姆霍兹自由能（Helmholtz free energy）的定义式为

$$F=U-TS \tag{1-21}$$

在恒温、恒容条件下，封闭系统的自发过程总是朝着亥姆霍兹自由能减小的方向进行，直到其值不变时达到平衡（推导过程见后）。

$$\begin{cases} dF<0 & (\text{不可逆}) \\ dF=0 & (\text{可逆}) \end{cases} \tag{1-22}$$

吉布斯自由能（Gibbs free energy）的定义式为

$$G=H-TS \tag{1-23}$$

在恒温、恒压的条件下，封闭系统自发过程总是朝着吉布斯自由能减小的方向进行，直到其值不变时达到平衡（推导过程见后）。

$$\begin{cases} dG<0 & (\text{不可逆}) \\ dG=0 & (\text{可逆}) \end{cases} \tag{1-24}$$

推导过程

（a）恒容条件下有 $\delta Q=dU$，克劳修斯不等式变为

$$dS-\frac{dU}{T}\geqslant 0$$

将上式变换一下得到

$$dU-TdS\leqslant 0$$

由亥姆霍兹自由能的定义式，并考虑恒温条件，即可证得式(1-22)。

（b）恒压条件下有 $\delta Q=dH$，同理可将克劳修斯不等式变为

$$dH-TdS\leqslant 0$$

由吉布斯自由能的定义式，并考虑恒温条件，即可证得式(1-24)。

亥姆霍兹自由能不仅可以作为判断自发过程的标志，其值还代表了恒温过程中系统所做的最大功（推导过程见后），有

$$dF=\delta W_{max}|_T \tag{1-25}$$

而在恒温、恒压条件下，吉布斯自由能等于系统对外做的最大附加功（推导过程见后），有

$$dG=\delta W_{max,add}|_{p,T} \tag{1-26}$$

推导过程

结合说明热力学第一定律的式(1-4)和克劳修斯不等式式(1-19)，可以得到

$$\delta W\geqslant dU-TdS$$

在恒温过程中，亥姆霍兹自由能的全微分表达式为 $dF=dU-TdS$，代入上式即可得证式(1-25)。

在恒压条件下，焓的全微分形式可写作

$$dH=\delta Q+\delta W+pdV$$

将上式代入吉布斯自由能的表达式式(1-23)，并考虑恒温条件，可得

$$dG=\delta Q+\delta W+pdV-TdS$$

在可逆过程中，将克劳修斯不等式 $\delta Q=TdS$ 代入，得

$$dG=\delta W+pdV$$

用 W_{add} 表示附加功，$-pdV$ 表示膨胀功，代入上式，得

$$dG=(\delta W_{add}-pdV)+pdV=\delta W_{add}$$

由于可逆过程做最大功，式(1-26) 得证。

五、热力学基本方程与麦克斯韦关系式

1. 热力学基本方程

我们将热力学第一、第二定律结合起来。对于一个封闭系统，结合热力学第一定律和熵的定义，有

$$dU=TdS-pdV \tag{1-27}$$

需要指出的是，内能是个状态函数，与过程无关。故上式适用于无额外功的封闭系统中任何过程（无论可逆与否）。当发生不可逆变化时，虽然有 $\delta Q<TdS$，但 $\delta W>-pdV$，且 δQ 与 δW 之和保持不变。因此，将上式称为**热力学基本方程**。

将焓 H、亥姆霍兹自由能 F、吉布斯自由能 G 的定义与以上公式相结合，可以得到另外三个基本方程：

$$dH=TdS+Vdp \tag{1-28}$$

$$dF=-SdT-pdV \tag{1-29}$$

$$dG=-SdT+Vdp \tag{1-30}$$

至此，定义了四种关于能量的状态函数，并给出了它们的表达式。这四种能量适用于描述不同（等压、定容、等温等）过程中系统能量的变化。例如，内能表示恒容条件下系统与环境之间传递的热量，而焓的变化等于恒压条件下系统与环境之间传递的热量。等温过程中亥姆霍兹自由能代表系统可以做的最大功，而吉布斯自由能表征了系统在恒温恒压条件下对外做的最大附加功。

2. 麦克斯韦关系式

将吉布斯自由能分别对温度、压强求二阶偏导，结合式(1-30) 可得

$$\left(\frac{\mathrm{d}S}{\mathrm{d}p}\right)_T=\left[\frac{\partial}{\partial p}\left(\frac{\partial G}{\partial T}\right)_p\right]_T=\left[\frac{\partial}{\partial T}\left(\frac{\partial G}{\partial p}\right)_T\right]_p=-\left(\frac{\mathrm{d}V}{\mathrm{d}T}\right)_p$$

通过上式可发现，等压条件下系统体积随温度的变化率等于等温条件下的熵随压强的变化率。类似的，利用另外三个热力学基本方程，可以得到完整的**麦克斯韦关系式**（Maxwell relation）：

$$\left(\frac{\mathrm{d}T}{\mathrm{d}V}\right)_S=-\left(\frac{\mathrm{d}p}{\mathrm{d}S}\right)_V \tag{1-31a}$$

$$\left(\frac{\mathrm{d}T}{\mathrm{d}p}\right)_S=\left(\frac{\mathrm{d}V}{\mathrm{d}S}\right)_p \tag{1-31b}$$

$$\left(\frac{\mathrm{d}S}{\mathrm{d}V}\right)_T=\left(\frac{\mathrm{d}p}{\mathrm{d}T}\right)_V \tag{1-31c}$$

$$\left(\frac{\mathrm{d}S}{\mathrm{d}p}\right)_T=-\left(\frac{\mathrm{d}V}{\mathrm{d}T}\right)_p \tag{1-31d}$$

麦克斯韦关系式在热力学中是一组重要的公式，热力学中利用这些关系式可以将一些不能直接测量的热力学函数用一些能直接测量的函数表示出来。

六、吉布斯自由能的性质

吉布斯自由能对应的自变量是温度和压强。自然界很多过程（例如相变、化学反应）都是在定压、定温条件下进行的，因此吉布斯自由能在热力学中是一个十分重要的能量参量。因此，此处将单独讨论吉布斯自由能随温度、压强的变化规律。

1. 吉布斯自由能随温度的变化

首先讨论吉布斯自由能随温度的变化。当考虑 G/T 随温度的变化时，即得到**吉布斯—亥姆霍兹方程**（Gibbs-Helmholtz equation）：

$$\left(\frac{\partial}{\partial T}\frac{G}{T}\right)_p=-\frac{H}{T^2} \tag{1-32}$$

该方程表明在已知系统焓的情况下，可以通过该方程得到 G/T 随温度的变化关系。

推导过程

展开左项，有

$$\left(\frac{\partial}{\partial T}\frac{G}{T}\right)_p=\frac{1}{T}\left(\frac{\partial G}{\partial T}\right)_p-\frac{G}{T^2}$$

结合基本关系式(1-30)和吉布斯自由能的定义式(1-23)，可以得到：

$$\left(\frac{\partial G}{\partial T}\right)_p=\frac{G-H}{T}$$

将上面两式合并，即得到吉布斯—亥姆霍兹方程。

2. 吉布斯自由能随压强的变化

在恒温条件下，对式(1-30) 两端进行积分可以得到

$$G_{\mathrm{m}}(p)=G_{\mathrm{m}}^{0}+\int_{p_0}^{p}V_{\mathrm{m}}\mathrm{d}p$$

式中 G_{m} 为摩尔吉布斯自由能。式中“0”代表某一参考状态，如大气压 1atm。该表达式适用于物质的任何状态，为了得到上式积分的结果，需要考虑 V_{m} 的变化是否与压强有关。对于固体与液体，V_{m} 随压强的变化可以忽略不计，因此固体和液体的吉布斯自由能可以表示为

$$G_{\mathrm{m}}(p)=G_{\mathrm{m}}^{0}+(p-p_0)V_{\mathrm{m}} \tag{1-33}$$

下面讨论气体的吉布斯自由能。据理想气体状态方程（1-2），可以得到

$$G_{\mathrm{m}}(T,p)=G_{\mathrm{m}}^{0}+RT\int_{p_0}^{p}\frac{1}{p}\mathrm{d}p=G_{\mathrm{m}}^{0}+RT\ln\frac{p}{p_0} \tag{1-34}$$

从上式可以看出理想气体的摩尔吉布斯自由能与压强的对数呈线性关系，因此当压强接近于 0 时摩尔吉布斯自由能趋于负无穷大。

真实气体不同于理想气体，因此其摩尔吉布斯自由能也无法用式(1-34) 表示。但仍希望采用理想气体的表达式来计算真实气体的摩尔吉布斯自由能：

$$G_{\mathrm{m}}=G_{\mathrm{m}}^{0}+RT\ln\frac{f^{g}}{p^{0}} \tag{1-35}$$

式中，f^{g} 为**逸度**（fugacity），代表一种有效压强，是对理想气体吉布斯自由能表达式的压强项进行的修正。在一般条件下，真实气体的摩尔吉布斯自由能小于理想气体，气体分子的“逃逸倾向”较低。在高压下，真实气体的摩尔吉布斯自由能更大，气体分子的“逃逸倾向”增加（图 1-12）。

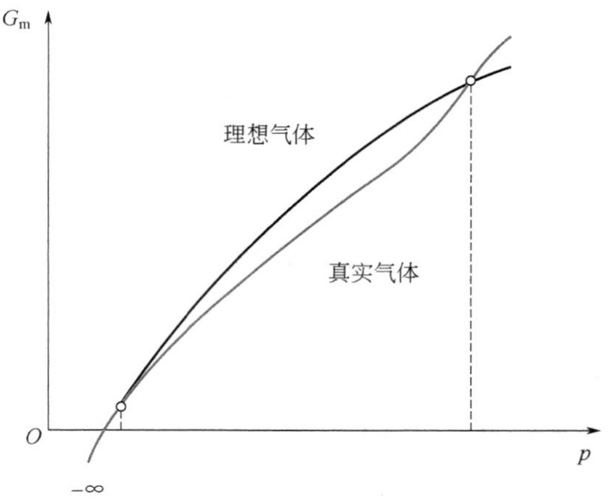

图 1-12　真实气体与理想气体的摩尔吉布斯自由能

第四节　多组分系统热力学

前面的讨论主要针对封闭系统，本节将阐述多组分体系（混合物）的热力学性质。

一、偏摩尔量

一旦涉及多组分系统，不同于单组分系统只受到温度和压强的影响，系统中各个组分的数量也是决定系统状态的影响因素。因此，在多组分系统中需要引入一类新的状态函数，即偏摩尔量。

首先介绍偏摩尔体积的概念，便于理解偏摩尔量的物理意义。如图 1-13 所示，在 25℃、1atm 下有一个装有一定量纯水的烧杯，若继续向杯中加入 1mol 的纯水，其体积增加了 $18cm^3$，则此时可以说纯水的摩尔体积为 $18cm^3/mol$。然而，当向一定量纯乙醇中加入 1mol 纯水，体积仅增加了 $14cm^3/mol$，这时称水在纯乙醇中的偏摩尔体积为 $14cm^3/mol$。一般来说，物质 J 在多组分系统中的偏摩尔体积就是将每摩尔 J 加入系统后的体积变化量。

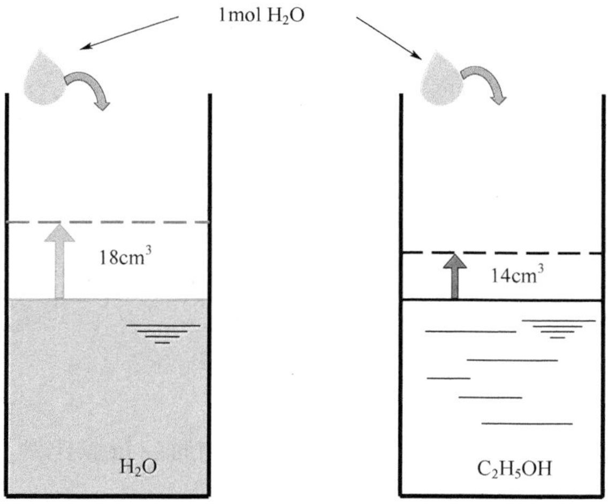

图 1-13　水在不同溶液中的偏摩尔体积

类比偏摩尔体积，可以引出**偏摩尔量**（partial molar quantity）的概念。在恒温恒压下，当多组分系统中只有组分 J 的物质的量 n_J 改变时，任意一个广延量 Y 随 n_J 的变化率为 Y_J，这个变化率就是与 Y 有关的偏摩尔量，其数学表达为

$$Y_J \overset{\text{def}}{=} \left(\frac{\partial Y}{\partial n_J}\right)_{T,p,n'} \tag{1-36}$$

式中 n' 表示混合物中除组分 J 以外的其余组分。

1. 化学势

当广延量选取吉布斯自由能时，其偏摩尔量通常称为**化学势**（chemical potential），其表达式为

$$\mu_J = \left(\frac{\partial G}{\partial n_J}\right)_{T,p,n'} \tag{1-37}$$

在封闭系统中，能量的传递只能通过传热和做功，系统的吉布斯自由能仅与温度和压强有关。而在开放系统中，能量的传递不仅来源于传热和做功，还来源于物质的交换。结合式(1-30) 和式(1-37)，开放系统的吉布斯自由能表达式为

$$\mathrm{d}G = V\mathrm{d}p - S\mathrm{d}T + \sum_J \mu_J \mathrm{d}n_J \tag{1-38}$$

上式最后一项代表开放系统每增加 $n$mol 物质，吉布斯自由能的改变量。

利用化学势可以建立物质平衡判据。物质平衡包括相平衡和化学平衡。一个封闭系统中系统内物质可由一相转换成另外一相；有些物质可通过化学反应增加或者减小。对于处于热平衡和力平衡（即定温定压）的封闭系统，自发过程总是朝着吉布斯自由能减小的方向进行。结合式(1-38) 和式(1-24)，得到

$$\begin{cases} \sum_J \mu_J \mathrm{d}n_J < 0 & (\text{不可逆}) \\ \sum_J \mu_J \mathrm{d}n_J = 0 & (\text{可逆}) \end{cases} \tag{1-39}$$

上式即为根据热力学第二定律得到的物质平衡的化学势判据。考虑一个系统中包含 1、2 两相，在达到相平衡条件时

$$\mathrm{d}n_1 = \mathrm{d}n_2$$

将上式代入式(1-39) 即可得到相平衡的化学势判据：

$$\mu_1 = \mu_2 \tag{1-40}$$

综上所述，化学势可以表征物质在系统中经历（物理或化学）变化的潜力。因此，化学势是多组分系统热力学中最重要的一个物理量。

2. 吉布斯—杜亥姆方程

设 Y 是某一广延变量。根据定义，广延变量与物质的量成比例关系，即

$$Y = \sum_J n_J Y_J$$

这个表达式的全微分是

$$\mathrm{d}Y = \sum_J n_J \mathrm{d}Y_J + \sum_J Y_J \mathrm{d}n_J$$

在定温、定压条件下，将上式与偏摩尔量的定义式式(1-36) 相减，得到了一个十分重要的关系，即**吉布斯—杜亥姆方程**（Gibbs-Duham equation）：

$$\sum_J n_J \mathrm{d}Y_J = 0 \tag{1-41}$$

上式表明在多组分系统中，一种组分的偏摩尔量不能独立于另一种组分的偏摩尔量而

改变。例如，在乙醇和水这个二元混合物中，如果一个组分的偏摩尔体积增加，则另一个组分的偏摩尔体积必须减少（见图 1-14）。

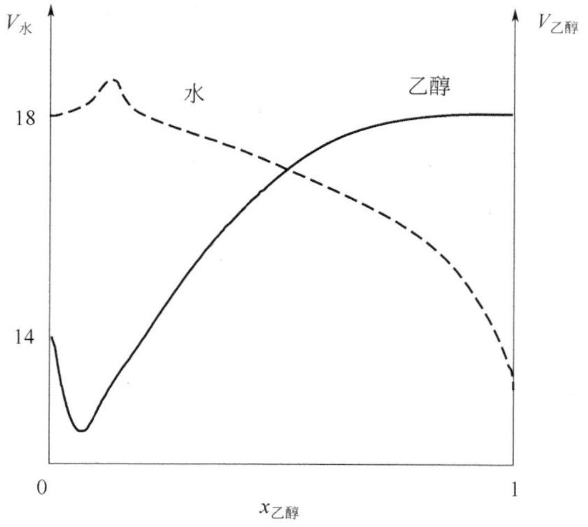

图 1-14 25℃时水和乙醇的偏摩尔体积

将吉布斯—杜亥姆方程应用于吉布斯自由能并考虑式(1-38)，可以得到

$$V\mathrm{d}p - S\mathrm{d}T - \sum_J n_J \mathrm{d}\mu_J = 0$$

纯物质只包含一个组分。将上式中的下标去掉，可以得到

$$\mathrm{d}\mu = V_{\mathrm{m}}\mathrm{d}p - S_{\mathrm{m}}\mathrm{d}T \tag{1-42}$$

上式中 V_{m} 和 S_{m} 分别表示物质的摩尔体积和摩尔熵。

二、多组分系统的化学势

从前文中可知，吉布斯自由能是热力学中一个十分重要的状态函数。这里讨论多组分系统的吉布斯自由能，主要针对两种情况：气体混合物及溶液。

1. 气体混合物的化学势

由定义可以看出，均匀系统的化学势即为摩尔吉布斯自由能。对于单组分理想气体，可将式(1-34) 写作

$$\mu = \mu_0 + RT\ln\frac{p}{p_0} \tag{1-43}$$

试想在恒温恒压下将两种理想气体混合。混合前，两种理想气体具有相同的温度和压强，系统的吉布斯自由能的计算式为

$$G_{\mathrm{i}} = n_{\mathrm{A}}\mu_{\mathrm{A}} + n_{\mathrm{B}}\mu_{\mathrm{B}} = n_{\mathrm{A}}\left[\mu_{\mathrm{A0}} + RT\ln(p/p_0)\right] + n_{\mathrm{B}}\left[\mu_{\mathrm{B0}} + RT\ln(p/p_0)\right]$$

混合后，这两种气体的分压发生变化，分别为 p_{A}、p_{B}，且 $p_{\mathrm{A}} + p_{\mathrm{B}} = p$。此时系统的吉布斯自由能为

$$G_f=n_A\,[\mu_{A0}+RT\ln(p_A/p_0)]+n_B\,[\mu_{B0}+RT\ln(p_B/p_0)]$$

将以上两式相减，可得系统吉布斯自由能的变化量为

$$\Delta_{mix}G=n_ART\ln(p_A/p)+n_BRT\ln(p_B/p)$$

用摩尔分数表达上式，可得

$$\Delta_{mix}G=nRT(x_A\ln x_A+x_B\ln x_B) \qquad (1-44)$$

式中 x_A 为摩尔分数，表示多组分系统中组分 A 的物质的量与混合物总的物质的量之比。$x_A=n_A/n$，$n=n_A+n_B$。因为物质的摩尔分数永远小于 1，所以上式中的对数始终为负，则 $\Delta_{mix}G<0$。这表明理想气体定压混合是一个自发过程。

2. 溶液的化学势

为了讨论溶液的化学势，基于以下事实：在平衡状态下，某一物质液相的化学势必须等于其气相的化学势，即

$$\mu_L=\mu_G$$

1）拉乌尔定律（Raoult's law）

人们通过实验发现，在溶剂中加入非挥发性溶质后，溶剂的饱和蒸气压（气、液平衡时气相的压强）会降低。1887 年，法国化学家拉乌尔归纳实验结果给出了定量的关系：溶液中每种组分的饱和蒸汽压 p_A 与其作为纯液体时的饱和蒸汽压 p_A^* 之比等于 A 在溶液中的摩尔分数 x_A。“ * ” 代表纯物质，用公式可表示为

$$p_A=x_Ap_A^* \qquad (1-45)$$

拉乌尔定律的本质可以从分子的角度来理解。如图 1-15 所示，溶质分子 B 的存在会降低溶剂分子 A 离开液体表面的速率，但不会抑制分子 A 返回液体的速率。因此加入溶质后，溶剂分子离开液相进入气相的数目减少了，使得气液两相在较低的蒸气压强下即可达到平衡。

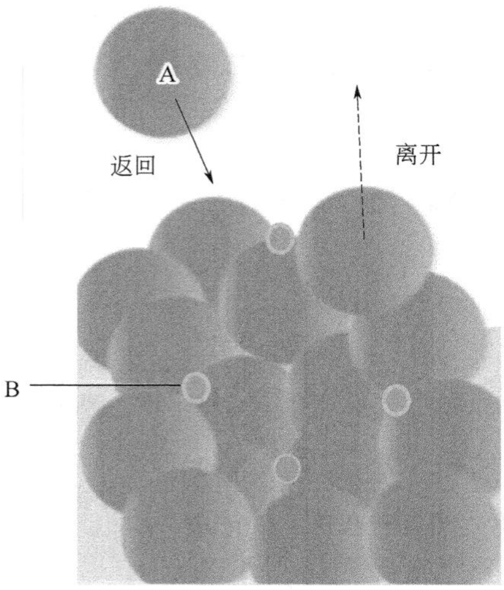

图 1-15　拉乌尔定律的分子解释

任一组分在全部浓度范围内都遵从拉乌尔定律的溶液称为**理想溶液**（ideal solution）。由拉乌尔定律和式(1-43)，可以得到理想溶液的化学势表达式(推导过程见后)：

$$\mu_A = \mu_A^* + RT\ln x_A \tag{1-46}$$

推导过程

由单组分理想气体的化学势表达式(1-43)，可以得到纯物质 A（液体）的化学势为

$$\mu_A^* = \mu_A^0 + RT\ln\frac{p_A^*}{p^0}$$

当有其他溶质与 A 混合时，溶液中 A 的化学势为

$$\mu_A = \mu_A^0 + RT\ln\frac{p_A}{p^0}$$

将以上两式联立可得

$$\mu_A = \mu_A^* + RT\ln\frac{p_A}{p_A^*}$$

将拉乌尔定律代入上式即可得式(1-46)。

2) 亨利定律（Henry's law）

在理想溶液中，溶质和溶剂都服从拉乌尔定律。然而在 1803 年，英国化学家亨利通过实验发现：对于稀溶液，尽管溶质的饱和蒸气压与它的摩尔分数成正比，但比例常数不是纯物质的蒸气压。亨利定律的数学表达为

$$p_B = x_B K_B \tag{1-47}$$

式中 K_B 称为亨利常数，与温度、压强、溶剂和溶质的性质有关。

真实的溶液介于两者之间。如图 1-16 所示，当溶液中的组分 B 接近纯物质（溶剂）时，它的饱和蒸气压与摩尔分数成正比，斜率为 p_B^*，符合拉乌尔定律。当它是次要组分（溶质）时，饱和蒸气压仍然与摩尔分数成正比，但比例常数为 K_B，符合亨利定律。

当两种液体混合时，所构成理想溶液的吉布斯自由能计算方法与气体混合物中的方法完全相同。混合前，溶液的吉布斯自由能的计算式为

$$G_i = n_A\mu_A^* + n_B\mu_B^*$$

混合后，各组分的化学势由式(1-46) 给出，此时溶液的吉布斯自由能的计算式为

$$G_f = n_A(\mu_A^* + RT\ln x_A) + n_B(\mu_B^* + RT\ln x_B)$$

结合以上两式，可得理想溶液中吉布斯自由能的改变量：

$$\Delta G_{mix} = nRT(x_A\ln x_A + x_B\ln x_B) \tag{1-48}$$

由式(1-30) 可得两种液体混合时熵的变化的计算式：

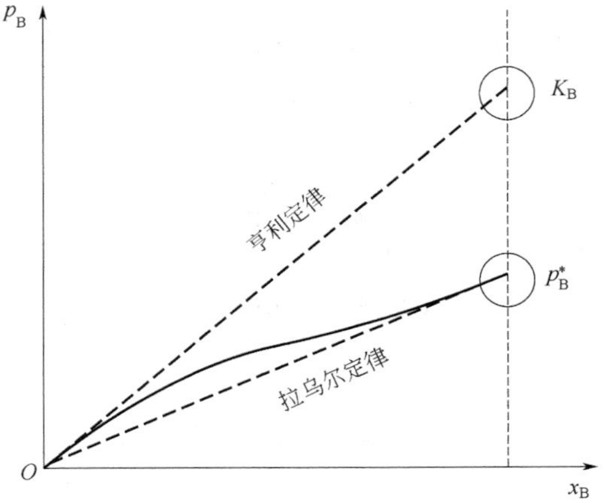

图 1-16　拉乌尔定律与亨利定律

$$\Delta S_{mix}=-\left(\frac{\partial G}{\partial T}\right)_p=-nR(x_A\ln x_A+x_B\ln x_B)$$

由上式可知，物质 A 和物质 B 混溶后，吉布斯自由能减小，熵增加。因此，理想溶液在各种组分下均自发混合，又称为**完全互溶**（totally miscible）。然而真实溶液混合时，A—A、A—B 和 B—B 的相互作用与理想溶液不同，体积会发生变化，并且同一种分子会聚集在一起而不是自由地与其他分子混合，这些都会对熵产生额外的贡献。如果熵变小（由于分子的重组导致有序的混合），则吉布斯能量可能为正。在这种情况下，分离是自发的，物质 A 和物质 B 可能**不混溶**（immiscible）；物质 A 和物质 B 也可能**部分混溶**（partially miscible），即在一定范围的组成下可混溶。

3）真实溶液的化学势

在研究真实气体的吉布斯自由能时引入“逸度”的概念，并由此得到一个与理想气体相近的表达形式。同样，真实溶液的化学势表达式也可以采用类似办法得到

$$\mu_A=\mu_A^*+RT\ln a_A \tag{1-49}$$

式中 a_A 为物质 A 的**活度**（activity），代表一种有效摩尔分数，与理想溶液的表达式相对比，可得到活度的表达式

$$a_A=\frac{p_A}{p_A^*} \tag{1-50}$$

三、依数性质

溶液的性质可归纳为两类：一类是由溶质的本性决定的，如密度、颜色、导电性以及酸碱性等；而另一类是由溶质粒子数目的多少决定的。将与溶质的本性无关，而只与溶质数量有关的性质称为**依数性质**（colligative properties）。所有的依数性质均源于溶质的存在

降低了溶剂的化学势，这一点在式(1-46) 中已有所体现。

依数性质中一个典型的例子是化学渗透现象。如图 1-17 所示，两种不同浓度的溶液隔以半透膜，半透膜允许溶剂分子通过，但不允许溶质分子通过。这时，溶剂分子会从低浓度溶液通过半透膜进入高浓度溶液中。若要达到平衡，即溶剂不再流动，则需要左右两边的溶液存在一个压强差（Π）。

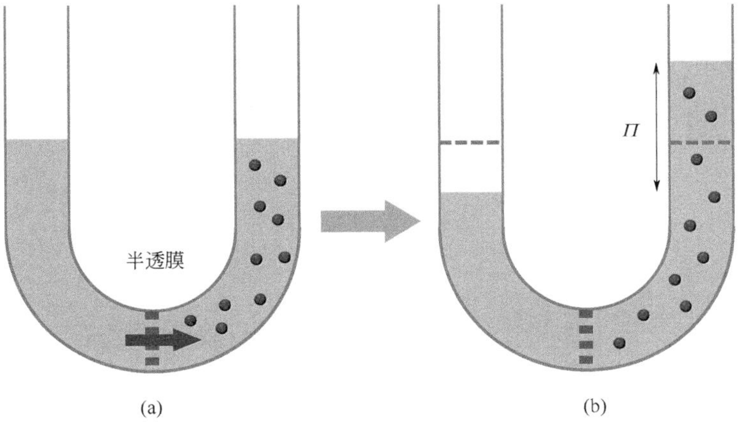

图 1-17　U 形管中的化学渗透现象

在自然界中渗透现象很常见，比如一些具有液泡的植物细胞会通过渗透作用进行吸水。这是由于液泡的原生质层具有选择透过性，原生质层内外的溶液存在着浓度差，水分子就可以从溶液浓度低的一侧通过原生质层扩散到溶液浓度高的一侧。一次性施肥过多引起的"烧苗"现象也可以用化学渗透作用来解释：土壤溶液的浓度突然增高，导致植物的根细胞吸水发生困难或不能吸水。

1886 年，荷兰化学家范托夫从实验中发现并总结了化学渗透规律，并由此得到了渗透压公式，又称**范托夫公式**（van't Hoff equation）：

$$\Pi = c_B RT \tag{1-51}$$

式中 Π 为溶液的渗透压。c_B 为溶液的浓度，$c_B = n_B/V$。范托夫公式表明，在一定温度下，溶液的渗透压与单位体积溶液中所含溶质的粒子数（分子数或离子数）成正比，而与溶质的本性无关。

推导过程

以图 1-17 为例，当两侧达到化学势平衡时，左侧溶剂的压强为 p，右侧溶液的压强为 $p+\Pi$，由此得到下式：

$$\mu_A^*(p) = \mu_A(x_A, p+\Pi)$$

根据溶液的化学势表达式，右边可表达为

$$\mu_A(x_A, p+\Pi) = \mu_A^*(p+\Pi) + RT\ln x_A$$

将上面两式合并可得

$$-RT\ln x_A = \int_p^{p+\Pi} V_m \mathrm{d}p$$

由于稀溶液中溶质的摩尔分数 x_B 很小，故上式中的 $\ln x_A = \ln(1-x_B) \approx -x_B$。同时，我们也可以假定溶剂的摩尔体积 V_m 是一个常数，因此

$$RTx_B = \Pi V_m$$

在稀溶液中，有 $x_B \approx n_B/n_A$。除此之外，溶液的总体积也可以近似为溶剂的体积 $V=n_A V_m$。将这两项代入上式后，即可得到范托夫公式。

第二章　连续介质弹性

由第一章的讨论可知，热力学中，封闭系统与环境的能量传递主要通过做功和传热两种方式，分别对应力场和温度场。对于气体而言，力场涉及的状态函数包括压强 p 和体积 V。这两个状态函数间又存在定量的关系式，即状态方程。例如，理想气体的状态方程由式(1-2) 表示。与气体不同的是，在力作用下，多孔介质不仅体积变化，其形状也变化。因此，p 和 V 并不适用于描述多孔介质的力场，需要引入新的参量。多孔介质是一个流、固混合系统。在连续介质力学范畴中，流体和固体都可以简化为连续介质进行处理。因此，多孔介质关于力场相关性质的描述主要借鉴连续介质力学的研究方法。在连续介质力学中，主要包含三方面的内容，即如何描述连续介质的变形（应变）、如何描述连续介质的受力状态（应力）以及建立连续介质变形和受力之间的关系式(应力—应变关系)。本章将重点讨论这三个问题。

连续介质力学理论体系的建立与一批来自巴黎综合理工学院的学者密切相关。1822 年，纳维尔（C. L. Navier）推导了采用位移表达的弹性体平衡方程，他又将此方程推广到流体，即著名的纳维尔—斯托克斯公式。而后，柯西（A. L. Cauchy）提出了连续介质力学三大方程——平衡方程、几何方程、本构方程，最终奠定了连续介质力学的求解框架。除此之外，这一时期巴黎综合理工学派人物还包括拉格朗日（J. Lagrange）、泊松(S. D. Poisson)、拉普拉斯（P. S. Laplace）、拉梅（G. Lamé）、圣维南（Saint Venant）等，他们都对连续介质力学的发展做出了卓越的贡献。

第一节　连续介质

一、代表性单元体

在讨论连续介质力学三个问题之前，应首先确定连续介质力学的研究尺度，进而定义其研究对象。变形体的变形是一个宏观概念，在微观上其实是分子的运动。例如，热胀冷缩现象就是在温度改变时“微观”分子间距的变化造成的“宏观”体积变化。然而，在很多情况下无法通过精确描述分子运动来研究物质的宏观变形。例如，在常温常压下，$1cm^3$ 空气中包含大约 2.7×10^{19} 个分子，这些气体分子在一秒内要碰撞 10^{29} 次。

针对这一情况，一般不将研究尺度放在“微观”分子层面，而是转而研究“宏观”上包含大量分子的分子团，从而使所研究的物理量具有统计意义。例如，从统计物理学角度，温度是表征分子热运动平均动能大小的宏观物理量。平均是对大量分子而言，只有分子达到一定的数量，温度才具有统计上的规律。再如，气体的压强来源于分子不断撞击容器壁面；这些碰撞数量巨大，才会在宏观上表现出一个稳定的压强。只有分子达到足够数量，物理量才具有统计上的规律，因此连续介质力学的研究对象需要“微观无限大”。

连续介质力学的研究对象还需要“宏观无限小”。这一点类似于相机的分辨率，分辨率越高，每个像素越小，显示的信息越多，其呈现的画面就越清晰。比如，一个梁受到弯曲作用而产生破坏，如果将梁的整体作为研究对象，那么只能判断其是否破坏。只有将研究对象进行更加精细的分割，才能更精确地获得破坏位置、破坏形式以及破坏处的应力集中等信息。同时，“宏观无限小”也与微积分中的极限思想相一致，进而可以采用微积分的数学工具对研究对象进行分析。

综上所述，连续介质力学的研究尺度需要微观无限大、宏观无限小。连续介质力学的研究对象被称为**代表性单元体**（representative elementary volume）。代表性单元体在微观上具有统计规律，在宏观上可以精细描述物理过程。例如，采用从小到大不同尺寸的单元体测量一个天然岩石的孔隙率（图 2-1）。当单元体小于 V_{min} 时，测量结果不具有统计代表性，表现出微观波动性。当单元体大小适中时才能得到稳定的结果，这一区间所对应的即是表征该岩石孔隙率所合适的代表性单元体尺寸。

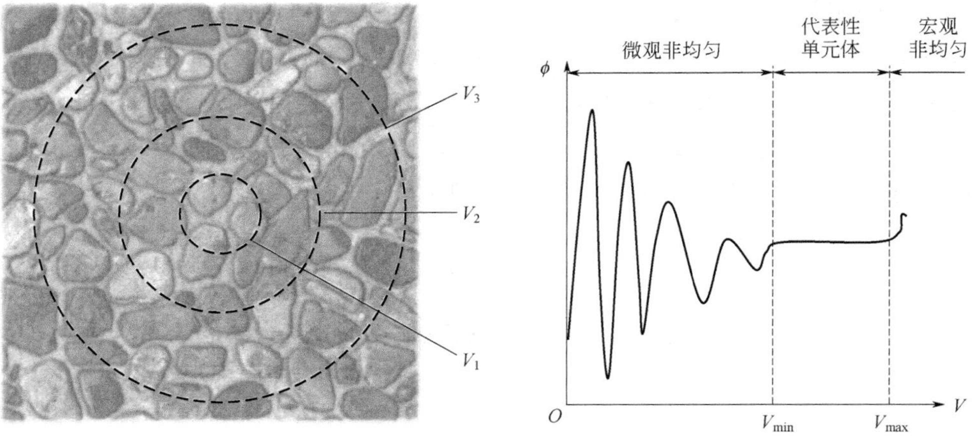

图 2-1　研究对象的尺度

二、连续介质假设

物质是由分子和原子组成的，分子间存在间距，因此在微观角度物质是不连续的。然而，长期的实践经验使人类认识到，在很多问题中，物质可以被处理成连续介质。例如，当观测一个弹性小球通过一个狭窄喉道时，通常将其处理成一个变形的连续介质（图 2-2）。此处将重点讨论“连续性”这一概念，并将其用数学方法描述出来。

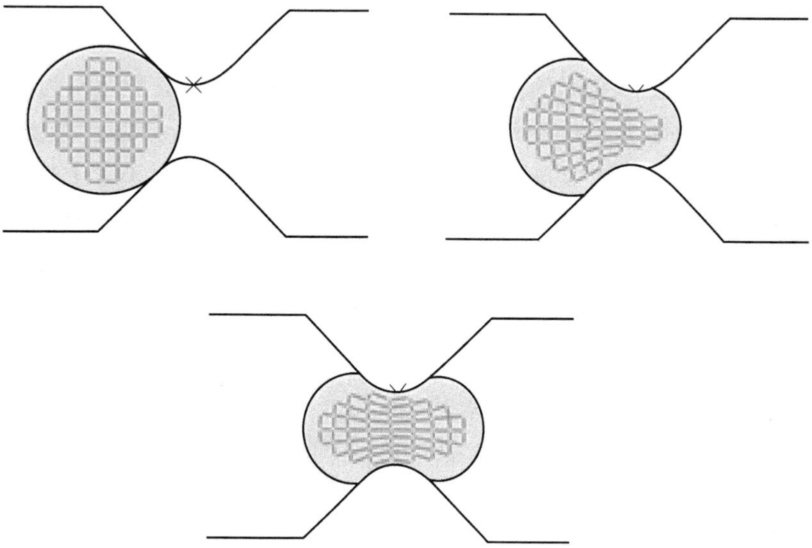

图 2-2　弹性小球通过狭窄喉道

从直观感觉上，“连续性”这一概念与几何位置随时间的演变方式有关：在某一时刻相邻的两个“物质单元”拥有相似的运动并一直保持相邻关系。换言之，“连续性”需要保证：几何的相似性，即空间的连续性；物理参量演化规律的相似性，即时间的连续性。接下来的重点将是如何用数学描述“连续性”。一个变形体 Ω 系统是由很多个“物质单元”（即代表性单元体）$\mathrm{d}\Omega$ 组成的，这些物质单元宏观无限小，可以简化为点。描述这些物质单元某一性质的状态函数 $\boldsymbol{Y}$ 组成了对该系统关于该性质的完全描述。例如，对某一房间不同位置点温度的测量得到该房间关于温度的完全描述，即通常称为的温度场。同时，状态函数还随时间演化。从数学上，可以将该状态函数描述成关于空间位置和时间的连续函数：

$$\boldsymbol{Y}(\boldsymbol{X},t)$$

经过这种处理，即可保证连续性的要求。本书将在下一节中介绍，位移场关于空间的可导性即可保证变形体在变形过程中保持“连续”，这也是连续介质力学三大方程之一的几何方程的主要内容。

需要指出的是，代表性单元体是包含固定物质（分子、原子）的集合。这种将所要考察的物理量（如温度、压力）表示成物质坐标函数的方法被称为**拉格朗日描述法**（Lagrange description），又称为物质描述法或跟踪粒子法。与之对应的，在固定位置处进行观察，将所要考虑的物理量表示成位置函数的方法称为**欧拉描述法**（Euler description），又称为空间描述法。如对固定水分子集合进行追踪，对其运动速度进行描述采用的是拉格朗日描述；而某地的水文观测站收集得到的流量、流速等信息，属于欧拉描述。

第二节　应变

本节将主要讨论对物体变形的数学描述。以弹性小球在喉道里运动为例（图 2-3），在此过程中，可以区分两类运动形式。在未接触狭窄喉道前，小球虽然位置发生了改变，但小球内任意两点之间的距离保持不变，其内部的物质单元也一直保持正方体。称这种运动形式为刚体运动，刚体运动形式包括平移和转动。刚体运动时，物体内所有物质单元的位移相同，位移场是均匀的。当经过狭窄喉道时，小球内任意两点的相对位置发生了改变，中部的物质单元不再保持为正方体，而是发生了伸缩或者剪切，称小球发生了变形。在变形过程中，物体内物质单元的位移不相同，位移场不均匀。

$$\text{刚体运动：}\boldsymbol{u}(\boldsymbol{X})=\text{常数}$$

$$\text{变形运动：}\boldsymbol{u}(\boldsymbol{X})\neq\text{常数}$$

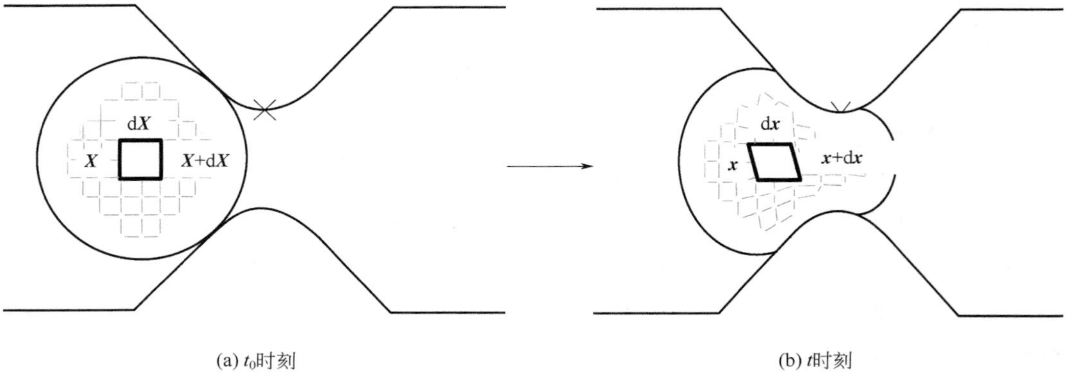

图 2-3　运动过程中连续介质构型的演变

通过上面的讨论可以发现，变形是一种运动形式，其运动过程中位移场不均匀。描述运动最基本的物理量是位移。例如，经典力学中牛顿第二运动定律的表达式为：$\boldsymbol{f}=m\boldsymbol{a}$，其中加速度 $\boldsymbol{a}$ 是位移对时间的二阶导数。本节将基于位移建立应变的数学表达式，即弹性力学三大基本方程之一的几何方程展开讨论。

一、变形梯度

在连续介质中选取一个单元体，该单元体的初始时刻 t_0 位置矢量为 $\boldsymbol{X}$。物体发生变形后，当前时刻 t 位置矢量变为 $\boldsymbol{x}$，即：

$$\boldsymbol{X}=(X_1\quad X_2\quad X_3)^{\mathrm{T}} \tag{2-1a}$$

$$\boldsymbol{x}=(x_1\quad x_2\quad x_3)^{\mathrm{T}} \tag{2-1b}$$

为了描述连续介质的运动状态（包括刚体运动和变形），需要完全刻画组成物质的全部单元体的位置，即**构型**（configuration）。任意单元体的运动轨迹可由以下方程描述：

$$\boldsymbol{x}=\phi(\boldsymbol{X},t) \tag{2-2}$$

上式表示单元体初始位置和现在位置间一一对应的变换关系。进一步假设这种变换是线性变换，对于两个一阶张量（即矢量），其线性变换可用一个二阶张量来进行表示：

$$\boldsymbol{x}=\boldsymbol{F}\cdot\boldsymbol{X} \tag{2-3}$$

式中 $\boldsymbol{F}$ 为**变形梯度**（deformation gradient）。上式是用实体形式来表示，也可以将其展开为矩阵形式，有

$$\begin{bmatrix} x_1 \\ x_2 \\ x_3 \end{bmatrix}=\begin{bmatrix} F_{11} & F_{12} & F_{13} \\ F_{21} & F_{22} & F_{23} \\ F_{31} & F_{32} & F_{33} \end{bmatrix}\begin{bmatrix} X_1 \\ X_2 \\ X_3 \end{bmatrix} \tag{2-4}$$

上式所示的矩阵形式，书写与记忆都略显烦琐，可以将公式表示为指标形式：

$$x_i=F_{ij}X_j \tag{2-5}$$

上式中应变梯度张量中元素 F_{ij} 表示当前位置矢量中分量 x_i 与初始位置矢量中分量 X_j 的线性变换系数。指标表示式中，指标分为两类：**哑标**（dummy index）和**自由指标**（free index）。在表达式中成对出现（即重复出现两次）的指标，称为哑标。哑标定义了一种运算法则，即将该项在该指标的取值范围内遍历求和。这种运算法则被称为爱因斯坦（Einstein）求和约定（见附录）。上式中，j 为哑标，通过哑标可以将多个项缩成一项；i 为自由指标，通过自由指标可以将多个表达式(方程）缩写成一个表达式(方程）。使用指标符号的优势是使公式表达简单化。若无特殊说明，本书后文将仅采用实体形式与指标形式表达公式，读者可参考附录自行写出矩阵形式。

位移是研究运动的基本物理量，位移 $\boldsymbol{u}$ 的表达式为：

$$\boldsymbol{u}=\boldsymbol{x}-\boldsymbol{X} \tag{2-6}$$

由式(2-3）和式(2-6）可得变形梯度 $\boldsymbol{F}$ 的表达式如下：

$$\boldsymbol{F}=\nabla\boldsymbol{u}+\boldsymbol{I}\text{（实体形式）}$$

$$F_{ij}=u_{i,j}+\delta_{ij}\text{（指标形式）} \tag{2-7}$$

其中，$\boldsymbol{I}$ 为单位二阶张量，δ_{ij} 为克罗内克符号。符号∇是矢量算子，表示张量在某一坐标系下沿三个坐标轴的空间变化率。在指标表示中，空间导数用符号“,”表示。

变形梯度的行列式描述了代表性单元体体积的变化，其计算式为（推导过程见后）

$$\mathrm{d}\Omega=\det\boldsymbol{F}\mathrm{d}\Omega_0 \tag{2-8}$$

推导过程

考虑单元体在初始时刻是由三个矢量 $\mathrm{d}\boldsymbol{X}^1$、$\mathrm{d}\boldsymbol{X}^2$、$\mathrm{d}\boldsymbol{X}^3$ 围成的平行六面体，其体积对应三个矢量合并组成的 3×3 矩阵的行列式：

$$d\Omega_0=\det(d\boldsymbol{X}^1\quad d\boldsymbol{X}^2\quad d\boldsymbol{X}^3)$$

三个矢量在当前时刻变为 $d\boldsymbol{x}^1$、$d\boldsymbol{x}^2$、$d\boldsymbol{x}^3$。由式(2-3) 可得，单元体在当前时刻的体积同样可以表示为 3×3 矩阵行列式的形式：

$$d\Omega=\det(d\boldsymbol{x}^1\quad d\boldsymbol{x}^2\quad d\boldsymbol{x}^3)=\det[\boldsymbol{F}(\boldsymbol{X}^1\quad \boldsymbol{X}^2\quad \boldsymbol{X}^3)]=\det\boldsymbol{F}\det(\boldsymbol{X}^1\quad \boldsymbol{X}^2\quad \boldsymbol{X}^3)=\det\boldsymbol{F}d\Omega_0$$

二、应变张量

物体的变形涉及伸缩和剪切。从几何学角度，伸缩对应单元体内矢量的长度变化，而剪切对应矢量间角度的变化。两个矢量的点积包含了其长度和角度的信息。正是基于这种考虑，**格林一拉格朗日应变张量 $\boldsymbol{E}$**（Green-Lagrange strain tensor）通过描述单元体中两个矢量的点积变化引出以下计算式：

$$d\boldsymbol{x}^1\cdot d\boldsymbol{x}^2-d\boldsymbol{X}^1\cdot d\boldsymbol{X}^2=2d\boldsymbol{X}^1\cdot\boldsymbol{E}\cdot d\boldsymbol{X}^2$$

考虑式(2-7)，格林—拉格朗日应变张量由变形梯度表示为

$$\boldsymbol{E}=\frac{1}{2}(\boldsymbol{F}^{\mathrm{T}}\cdot\boldsymbol{F}-\boldsymbol{I})\text{（实体形式）}$$

$$E_{ij}=\frac{1}{2}(F_{ki}F_{kj}-\delta_{ij})\text{（指标形式）}\qquad(2-9)$$

上式中实体形式中符号“·”表示点积。

推导过程

将式(2-3) 代入单元体中两个矢量的点积变化公式，可得

$$(\boldsymbol{F}d\boldsymbol{X}^1)^{\mathrm{T}}\boldsymbol{F}d\boldsymbol{X}^2-(d\boldsymbol{X}^1)^{\mathrm{T}}d\boldsymbol{X}^2=2(d\boldsymbol{X}^1)^{\mathrm{T}}\boldsymbol{E}d\boldsymbol{X}^2$$

对上式进行整理得

$$(d\boldsymbol{X}^1)^{\mathrm{T}}(\boldsymbol{F}^{\mathrm{T}}\boldsymbol{F})d\boldsymbol{X}^2-(d\boldsymbol{X}^1)^{\mathrm{T}}\boldsymbol{I}d\boldsymbol{X}^2=2(d\boldsymbol{X}^1)^{\mathrm{T}}\boldsymbol{E}dX^2$$

$$(d\boldsymbol{X}^1)^{\mathrm{T}}(\boldsymbol{F}^{\mathrm{T}}\boldsymbol{F}-\boldsymbol{I})d\boldsymbol{X}^2=(d\boldsymbol{X}^1)^{\mathrm{T}}(2\boldsymbol{E})d\boldsymbol{X}^2$$

即得到式(2-9)。

将式(2-7) 代入式(2-9) 即可得到格林—拉格朗日应变张量与位移的关系式：

$$\boldsymbol{E}=\frac{1}{2}(\nabla\boldsymbol{u}+\nabla^{\mathrm{T}}\boldsymbol{u}+\nabla\boldsymbol{u}\cdot\nabla^{\mathrm{T}}\boldsymbol{u})\text{（实体形式）}$$

$$E_{ij}=\frac{1}{2}(u_{i,j}+u_{j,i}+u_{k,i}u_{k,j})\text{（指标形式）}\qquad(2-10)$$

如果变形极其微小，即 $u_{i,j}=|\partial u_i/\partial X_j|\ll 1$，可以把格林—拉格朗日应变张量定义式

中的二阶项忽略掉，从而简化为**线性应变**（linear strain），有

$$\boldsymbol{\varepsilon}=\frac{1}{2}(\nabla \boldsymbol{u}+\nabla^{\mathrm{T}}\boldsymbol{u})\text{（实体形式）}$$

$$\varepsilon_{ij}=\frac{1}{2}(u_{i,j}+u_{j,i})\text{（指标形式）} \tag{2-11}$$

由应变定义看出，应变表示位移的空间变化率（梯度）。当物体内所有单元体位移相同时，其位移梯度为0，因此物体未发生变形，仅存在刚体运动。当物体内单元体间位移不相同时，其相互位置会发生改变，产生变形。

下面说明应变张量中各元素的物理意义。考虑矢量 $\boldsymbol{V}=(V_1\ 0\ 0)^{\mathrm{T}}$ 变换为 $\boldsymbol{v}=(v_1\ 0\ 0)^{\mathrm{T}}$［图2-4(a)］。这一变换过程仅涉及长度的变化，即单元体发生了**正应变**（normal strain），有

$$\frac{|\boldsymbol{v}|}{|\boldsymbol{V}|}=\frac{\sqrt{v_1^2}}{\sqrt{V_1^2}}=\frac{\sqrt{V_1F_{11}F_{11}V_1}}{\sqrt{V_1^2}}=\sqrt{F_{11}F_{11}}=\sqrt{2E_{11}+1}$$

根据上式看出，在应变矩阵中，对角线上元素表示物体沿某一轴线方向的正应变，描述单元体沿该轴方向上长度的变化。

再考虑由两个矢量 $\boldsymbol{V}=(V_1\ 0\ 0)^{\mathrm{T}}$，$\boldsymbol{W}=(0\ W_2\ 0)^{\mathrm{T}}$ 组成的单元体［图2-4(b)］。单元体发生剪切变形，**剪应变**（shear strain）可用矢量夹角的余弦值表示，其计算式为

$$\cos\alpha=\frac{\boldsymbol{v}\cdot\boldsymbol{w}}{|\boldsymbol{v}||\boldsymbol{w}|}=\frac{\boldsymbol{v}^{\mathrm{T}}\boldsymbol{F}^{\mathrm{T}}\boldsymbol{F}\boldsymbol{w}}{|\boldsymbol{v}||\boldsymbol{w}|}=\frac{V_1(2E_{12})W_2}{\sqrt{2E_{11}+1}\,V_1\sqrt{2E_{22}+1}\,W_2}=\frac{2E_{12}}{\sqrt{2E_{11}+1}\sqrt{2E_{22}+1}}$$

根据上式看出，应变矩阵中非对角线元素表示剪应变，描述单元体形状的变化。

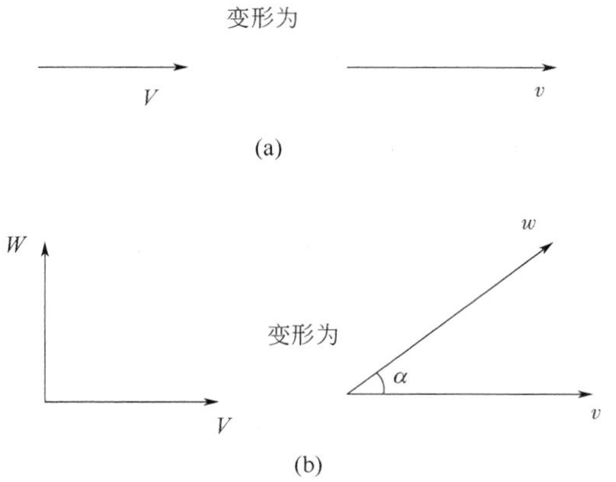

图2-4　物体的缩放与剪切

另外，应变矩阵的迹表示代表性单元体体积变化率，有

$$\det\boldsymbol{F}\approx 1+\varepsilon_{ii}=1+\epsilon \tag{2-12}$$

式中，ϵ 为**体积应变**（volumetric strain）。

推导过程

由式(2-11)对角线元素可得

$$dx_i=(1+\varepsilon_{ii})dX_i$$

故有

$$\begin{aligned}d\Omega-d\Omega_0&=dx_1dx_2dx_3-dX_1dX_2dX_3\\&=(1+\varepsilon_{11})dX_1(1+\varepsilon_{22})dX_2(1+\varepsilon_{33})dX_3-dX_1dX_2dX_3\\&=[(1+\varepsilon_{11})(1+\varepsilon_{22})(1+\varepsilon_{33})-1]dX_1dX_2dX_3\\&=[1+(\varepsilon_{11}\varepsilon_{22}+\varepsilon_{11}\varepsilon_{33}+\varepsilon_{22}\varepsilon_{33}+\varepsilon_{11}\varepsilon_{22}\varepsilon_{33})+\varepsilon_{11}+\varepsilon_{22}+\varepsilon_{33}-1]d\Omega_0\end{aligned}$$

在小变形条件下，略去高阶小量，可以得到

$$d\Omega=(1+\varepsilon_{11}+\varepsilon_{22}+\varepsilon_{33})d\Omega_0$$

结合式(2-8)，即得到式(2-12)。

三、主应变和应变张量的分解

应变是一个二阶张量，可以表示为 3×3 矩阵。对应变矩阵求特征值，有

$$\begin{vmatrix}\varepsilon_{11}-\varepsilon & \varepsilon_{12} & \varepsilon_{13}\\ \varepsilon_{21} & \varepsilon_{22}-\varepsilon & \varepsilon_{23}\\ \varepsilon_{31} & \varepsilon_{32} & \varepsilon_{33}-\varepsilon\end{vmatrix}=0$$

得到矩阵行列式的特征方程为

$$\varepsilon^3-I_1\varepsilon^2+I_2\varepsilon-I_3=0 \tag{2-13}$$

特征方程的三个根即为**主应变**（principal strain）ε_1、ε_2 和 ε_3。特征方程的三个系数（I_1，I_2，I_3）分别代表应变张量的三个不变量，即不论坐标轴怎样转动，它们的值始终保持不变，表达式为

$$I_1=\varepsilon_{ii}=\varepsilon_1+\varepsilon_2+\varepsilon_3 \tag{2-14a}$$

$$I_2=\begin{vmatrix}\varepsilon_{22} & \varepsilon_{23}\\ \varepsilon_{32} & \varepsilon_{33}\end{vmatrix}+\begin{vmatrix}\varepsilon_{11} & \varepsilon_{13}\\ \varepsilon_{31} & \varepsilon_{33}\end{vmatrix}+\begin{vmatrix}\varepsilon_{11} & \varepsilon_{12}\\ \varepsilon_{21} & \varepsilon_{22}\end{vmatrix}=\varepsilon_1\varepsilon_2+\varepsilon_2\varepsilon_3+\varepsilon_3\varepsilon_1 \tag{2-14b}$$

$$I_3=|\varepsilon_{ij}|=\varepsilon_1\varepsilon_2\varepsilon_3 \tag{2-14c}$$

应变张量通常可以分解为两部分，与体积变化相关的球体部分和与形状变化相关的偏斜部分，对应计算式为

$$
\begin{cases}
\boldsymbol{\varepsilon}=\dfrac{\epsilon}{3}\boldsymbol{I}+\boldsymbol{e}（实体形式） \\
\varepsilon_{ij}=\dfrac{\epsilon}{3}\delta_{ij}+e_{ij}（指标形式）
\end{cases}
\tag{2-15}
$$

其中，$\frac{\epsilon}{3}$称为应变均值，表征了单元体的体积变化。$\boldsymbol{e}$ 称为**偏应变张量**（deviatoric strain）。偏应变张量的第一不变量为零，是一个纯剪切应变状态，仅表征单元体的形状变化。

第三节　应力

上一节内容是对物体变形的描述，本节将介绍引起物质发生变形的原因——应力。再次采用弹性小球通过狭窄喉道的例子（图 2-2）分析物质发生变形的受力状态。按照热力学的分析方法，将弹性球视为一个封闭系统，喉道视为环境。小球在通过喉道时，系统受到环境的作用力而发生挤压变形。环境对系统的作用力被称为**外力**（external force）。然而可以发现，在远离外力施加位置的小球中部，物质单元同样也发生了变形。这一变形是由于系统内部不同物质单元之间的相互作用力产生的，称为**内力**（internal force）。可以看出，内力是使物质发生变形的主要原因。

从微观角度分析，弹性小球系统的内力来源于分子间作用力。在未变形前，小球内部的分子间作用力处于初始的平衡状态。当受到外力作用后，初始平衡状态被打破，分子间作用力需要重新调整以达到新的平衡状态。分子间作用的调整是以分子间距离实现的，宏观上表现为小球的变形。

需要指出的是，外力和内力是相对于研究对象而言的。将小球整体作为研究对象时，系统受到外力和内力两种作用。在连续介质力学中常将代表性单元体作为研究对象，这时单元体只受到外力作用。

一、体力与面力

一般地，代表性单元体受到两类力的作用。第一类是单元体边界受到相邻单元体的作用力（图 2-5）。由于这一类型力总是通过某一接触面发生作用的，因此被称为**面力**（surface force）。面力的一个重要特征是其大小和方向与接触面的大小和方向有关。作用在无限小截面 dA 上的面力的数学表达式为

$$
\boldsymbol{T}(\boldsymbol{x},t,\boldsymbol{n})\,\mathrm{d}A \tag{2-16}
$$

其中，$\boldsymbol{n}$ 为截面 dA 的外法线方向矢量，$\boldsymbol{T}$ 表示 x 处的单元体当前时刻 t 与截面 $\boldsymbol{n}$ 相关的面

力密度，也常被称为**应力矢量**（stress vector）。

第二类力是单元体本身受到的非接触力。由于这一类型力作用在单元体内的所有分子上，因此被称为**体力**（body force）。作用在无限小体积 $\mathrm{d}\Omega$ 上的体力的数学表达式为

$$\rho \boldsymbol{f}^{\mathrm{d}}(\boldsymbol{x},t)\,\mathrm{d}\Omega \tag{2-17}$$

其中，ρ 表示物质密度，$\boldsymbol{f}^{\mathrm{d}}$ 表示体力密度。与面力不同，体力是非接触力，因此，$\boldsymbol{f}^{\mathrm{d}}$ 只与时间 t 和位置 $\boldsymbol{x}$ 有关，与截面无关。

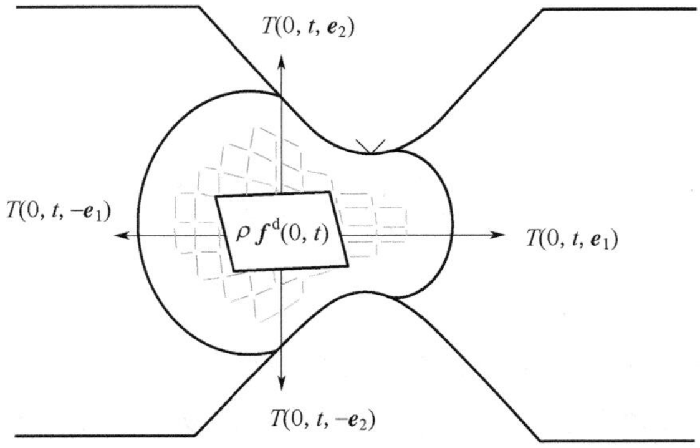

图 2-5　代表性单元体元受力分析

可以从分子角度进一步理解面力和体力之间的关系。在物体中某一分子团会受到周围分子施加的分子间作用力，即为面力。分子团在不同方向上接触的分子不同，所受到的分子间作用力也不相同，因此面力与截面方向有关（图 2-6）。当施加力的分子很远时，这种截面方向的依赖性将不明显了，因此体力与截面方向无关。最典型的体力为重力，即地球上的物质受到的组成地球所有分子施加的引力，这个力的方向指向地心。因此，可以直观地认为面力对应短程力，而体力对应长程力。

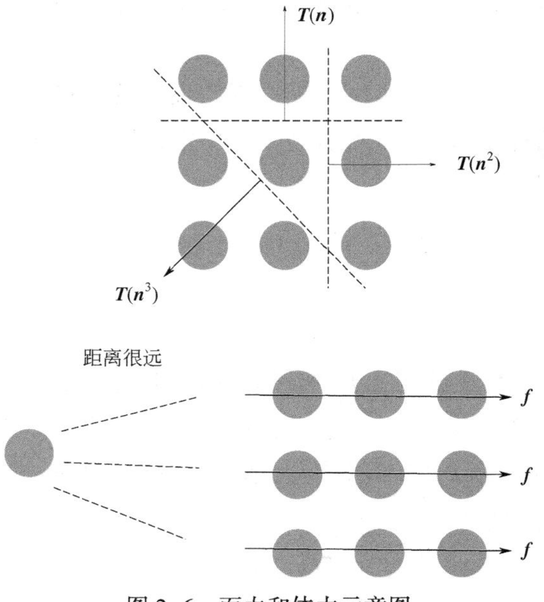

图 2-6　面力和体力示意图

在静力学范畴内，代表性单元体受到体力与面力等各种力作用而处于平衡状态，有

$$\int_{\Omega} \rho \boldsymbol{f}^{\mathrm{d}}(\boldsymbol{x},t)\,\mathrm{d}\Omega + \int_{\partial\Omega} \boldsymbol{T}(\boldsymbol{x},t,\boldsymbol{n})\,\mathrm{d}A = 0 \tag{2-18}$$

其中，$\partial\Omega$ 为单元体 Ω 的边界面。

上式对任意体积 Ω 均适用。考虑极端情况，对图 2-5 中代表性单元体长度方向取极限，即 $\mathrm{d}x \to 0$，可以得到面力的一个重要性质，即作用力与反作用力法则，有

$$\boldsymbol{T}(-\boldsymbol{n}) = -\boldsymbol{T}(\boldsymbol{n}) \tag{2-19}$$

二、柯西应力张量

由前面的讨论可知，代表性单元体所受的面力，可以由应力矢量表示，但应力矢量与截面的方向有关。过一点 $\boldsymbol{x}$ 可作无数个截面，所以会有无数个应力矢量，它们的大小、方向均不相同。幸运的是，我们在这一节将证明，如果知道三个相互垂直截面的应力矢量，则可以表示出过该点任意截面的应力矢量。换言之，一点的应力状态可以由三个应力矢量完全表示。可进一步证明，一点的应力状态还可以由一个二阶张量表示，即柯西应力张量。

假设一个无穷小四面体如图 2-7 所示，四面体的三个表面垂直于笛卡儿坐标系的坐标轴 $\boldsymbol{e}_j$，面积为 $\mathrm{d}A_j$；第四个表面方向为 $\boldsymbol{n}$，面积为 $\mathrm{d}A$。四面体各截面面积之间的关系为

$$\mathrm{d}A_j = \mathrm{d}A\boldsymbol{n} \cdot \boldsymbol{e}_j = \mathrm{d}An_j \tag{2-20}$$

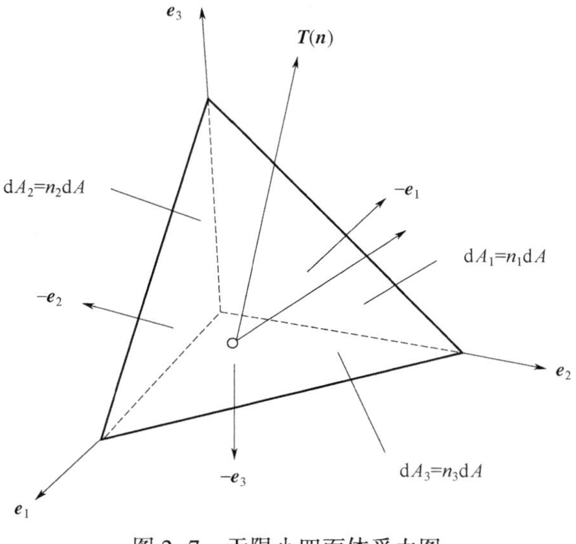

图 2-7　无限小四面体受力图

无穷小四面体的平衡方程为（推导过程见后）

$$\boldsymbol{T}(\boldsymbol{n}=n_j\boldsymbol{e}_j) = \boldsymbol{T}(\boldsymbol{e}_j)\,n_j \tag{2-21}$$

推导过程

对无限小四面体进行受力分析，并结合式(2-18)可得

$$\frac{h\mathrm{d}A}{3}\rho \boldsymbol{f}^{\mathrm{d}}+\boldsymbol{T}(\boldsymbol{n})\mathrm{d}A+\boldsymbol{T}(-\boldsymbol{e}_j)\mathrm{d}A_j=0$$

式中，h 为四面体高度，$\frac{h\mathrm{d}A}{3}$ 为四面体体积。现将式(2-19)、式(2-20)代入上式，可得

$$\boldsymbol{T}(\boldsymbol{n})-\boldsymbol{T}(\boldsymbol{e}_j)n_j=\frac{h}{3}\rho \boldsymbol{f}^{\mathrm{d}}$$

对无限小四面体取极限，当其高度 h 趋近于 0 时，则 $\frac{h}{3}\rho \boldsymbol{f}^{\mathrm{d}}\to 0$，无限小四面体将缩成一个点，即得到式(2-21)。

从式(2-21)中可以看出，在 $\boldsymbol{n}$ 方向上的应力矢量可以用垂直于三个坐标轴的平面上的应力矢量表示，这种关系称为**四面体引理**（tetrahedron lemma）。四面体引理的重要性在于三个相互垂直的截面上的应力矢量，可以确定该点任意截面的应力矢量，即这三个应力矢量完全确定了该点的应力状态。

四面体引理说明，应力矢量 $\boldsymbol{T}(\boldsymbol{n})$ 与截面方向 $\boldsymbol{n}$ 存在一种线性变换关系。这种线性变换关系可以由一个二阶张量表示，即有

$$\begin{cases}\boldsymbol{T}=\boldsymbol{\sigma}\cdot\boldsymbol{n}(\text{实体形式})\\ T_i=\sigma_{ij}n_j(\text{指标形式})\end{cases}\tag{2-22}$$

上式中的二阶张量称为**柯西应力张量**（Cauchy stress tensor）。柯西应力张量中的分量 σ_{ij} 表示作用在 i 截面上沿 j 方向的应力矢量分量。和应变张量相似，应力张量矩阵中对角线元素是**正应力**（normal stress）分量，非对角线元素是**剪应力**（shear stress）分量。

对比式(2-21)和式(2-22)可知，一点的应力状态不仅可以通过三个互相垂直截面的应力矢量完全表示，还可以进一步简化用一个二阶张量表示。

三、主应力和应力张量不变量

与应变张量的处理相类似，应力张量矩阵也可以进行对角化，有

$$\sigma_{ij}=\begin{bmatrix}\sigma_{11} & \sigma_{12} & \sigma_{13}\\ \sigma_{21} & \sigma_{22} & \sigma_{23}\\ \sigma_{31} & \sigma_{32} & \sigma_{33}\end{bmatrix}\to\begin{bmatrix}\sigma_1 & 0 & 0\\ 0 & \sigma_2 & 0\\ 0 & 0 & \sigma_3\end{bmatrix}$$

对矩阵对角化，则需要求得 σ_{ij} 的三个特征值，见下式：

$$\begin{vmatrix} \sigma_{11}-\sigma & \sigma_{12} & \sigma_{13} \\ \sigma_{21} & \sigma_{22}-\sigma & \sigma_{23} \\ \sigma_{31} & \sigma_{32} & \sigma_{33}-\sigma \end{vmatrix}=0$$

求得矩阵行列式的特征方程为

$$\sigma^3-I_1'\sigma^2+I_2'\sigma-I_3'=0 \tag{2-23}$$

特征方程的三个根 σ_1、σ_2 和 σ_3 称为**主应力**（principal stress）。特征方程的三个系数（I_1'，I_2'，I_3'）是**应力张量不变量**（invariant of stress tensor）。三个应力不变量可以用计算式表示如下：

$$I_1'=\sigma_{ii}=\sigma_1+\sigma_2+\sigma_3 \tag{2-24a}$$

$$I_2'=\begin{vmatrix} \sigma_{22} & \sigma_{23} \\ \sigma_{32} & \sigma_{33} \end{vmatrix}+\begin{vmatrix} \sigma_{11} & \sigma_{13} \\ \sigma_{31} & \sigma_{33} \end{vmatrix}+\begin{vmatrix} \sigma_{11} & \sigma_{12} \\ \sigma_{21} & \sigma_{22} \end{vmatrix}$$

$$=\sigma_1\sigma_2+\sigma_2\sigma_3+\sigma_3\sigma_1 \tag{2-24b}$$

$$I_3'=|\sigma_{ij}|=\sigma_1\sigma_2\sigma_3 \tag{2-24c}$$

四、应力张量的分解

如应变张量那样，应力张量可以分解为两部分，一部分为**球应力张量**（spheric stress tensor），另一部分为**偏应力张量**（deviatoric stress tensor），即有

$$\begin{cases} \boldsymbol{\sigma}=\sigma\boldsymbol{I}+\boldsymbol{s}(\text{实体形式}) \\ \sigma_{ij}=\sigma\delta_{ij}+s_{ij}(\text{指标形式}) \end{cases} \tag{2-25}$$

其中，σ 称为**平均应力**（mean stress），可表示为

$$\sigma=\frac{\sigma_{ii}}{3}=\frac{I_1'}{3}$$

可以发现，应力张量分解后，球应力张量对于所有方向都是相同的，这与静止的水所受的应力状态是相同的。偏应力张量满足 $s_{ii}=0$，对应一个纯剪切状态。对于流体而言，由于不抗剪，静止流体的应力状态只能含有球应力张量部分，只需要用一个标量——压强（即平均应力）表示。

与推导应力不变量的过程类似，偏应力张量矩阵的特征方程为

$$s^3-J_1's^2+J_2's-J_3'=0$$

J_1'、J_2'和 J_3'称为**偏应力张量不变量**（invariant of deviatoric stress tensor）。

$$J_1'=s_{ii}=s_1+s_2+s_3=0 \tag{2-26a}$$

$$J_2'=\begin{vmatrix} s_{22} & s_{23} \\ s_{32} & s_{33} \end{vmatrix}+\begin{vmatrix} s_{11} & s_{13} \\ s_{31} & s_{33} \end{vmatrix}+\begin{vmatrix} s_{11} & s_{12} \\ s_{21} & s_{22} \end{vmatrix}$$

$$=s_1s_2+s_2s_3+s_3s_1 \tag{2-26b}$$

$$J_3' = |s_{ij}| = s_1 s_2 s_3 \tag{2-26c}$$

式中，s_1、s_2 和 s_3 是特征方程的三个根。

五、平衡方程

将式(2-22) 代入式(2-18)，并利用散度定理（见附录）将面积分转换为体积分，可得到连续介质力学的第二个重要方程，即**平衡方程**（equilibrium equation），即有

$$\begin{cases} \nabla \cdot \boldsymbol{\sigma} + \rho \boldsymbol{f}^{\mathrm{d}} = 0 \text{(实体形式)} \\ \sigma_{ji,j} + \rho f_i^{\mathrm{d}} = 0 \text{(指标形式)} \end{cases} \tag{2-27}$$

上式中算子∇与二阶张量 $\boldsymbol{\sigma}$ 的点积表示这个二阶张量的散度。当忽略面力项时，上式简化为经典力学中牛顿第二定律。因此，上式可以认为是同时考虑面力和体力时牛顿第二定律的一般形式。

除了力平衡方程，单元体力矩平衡的表达式为

$$\int_{\Omega} \boldsymbol{x} \times \rho \boldsymbol{f}^{\mathrm{d}} \mathrm{d}\Omega + \int_{\partial\Omega} \boldsymbol{x} \times \boldsymbol{\sigma} \cdot \boldsymbol{n} \mathrm{d}A = \boldsymbol{0} \tag{2-28}$$

经过推导，可以得到：

$$\begin{cases} \boldsymbol{\sigma} = \boldsymbol{\sigma}^{\mathrm{T}} \text{(实体形式)} \\ \sigma_{ij} = \sigma_{ji} \text{(指标形式)} \end{cases} \tag{2-29}$$

应力张量的对称性可以将应力分量由 9 个减少到 6 个。

推导过程

利用散度定理，式(2-28) 可变为：

$$\int_{\partial\Omega} \boldsymbol{x} \times \boldsymbol{\sigma} \cdot \boldsymbol{n} \mathrm{d}A = \int_{\Omega} \left(x \times \nabla \cdot \boldsymbol{\sigma} + 2 \overset{\mathrm{as}}{\sum} \right) \mathrm{d}\Omega$$

$\overset{\mathrm{as}}{\sum}$ 在笛卡儿坐标系中可表示为：

$$2 \overset{\mathrm{as}}{\sum} = (\sigma_{23} - \sigma_{32}) \boldsymbol{e}_1 + (\sigma_{13} - \sigma_{31}) \boldsymbol{e}_2 + (\sigma_{12} - \sigma_{21}) \boldsymbol{e}_3$$

将化简后的力矩平衡方程代入上式，结合公式 $\int_{\Omega} (\nabla \cdot \boldsymbol{\sigma} + \rho \boldsymbol{f}^{\mathrm{d}}) \mathrm{d}\Omega = 0$，得到

$$\int_{\Omega} 2 \overset{\mathrm{as}}{\sum} \mathrm{d}\Omega = 0$$

由于上式必须满足任意体积条件，因此 $\overset{\mathrm{as}}{\sum} = 0$，且从 $\overset{\mathrm{as}}{\sum}$ 的表达式中得出，应变张量具有对称性。

第四节 本构方程

一、应变能

考虑一个体积为 Ω 的连续介质，该物体在体力 $\boldsymbol{f}^{\mathrm{d}}$ 和面力 $\boldsymbol{T}$ 作用下发生变形，相应的位移场为 $\boldsymbol{u}$。在这一过程中体力和面力对物体做功的无限小增量

$$\delta W=\int_{\Omega}\mathrm{d}\boldsymbol{u}\cdot\rho\boldsymbol{f}^{\mathrm{d}}\mathrm{d}\Omega+\int_{\partial\Omega}\mathrm{d}\boldsymbol{u}\cdot\boldsymbol{T}\mathrm{d}A \tag{2-30}$$

做功使物体发生变形，并以应变能的形式储存于物体中，有

$$\delta W=\int_{\Omega}\delta w\mathrm{d}\Omega \tag{2-31}$$

式中 w 为单位体积的应变能或**应变能密度**（strain energy density），在小变形情况下其形式表述为（推导过程见后）：

$$\begin{cases}\delta w=\boldsymbol{\sigma}:\mathrm{d}\boldsymbol{\varepsilon}=\sigma\mathrm{d}\epsilon+\boldsymbol{s}:\mathrm{d}\boldsymbol{e}\text{（实体形式）}\\ \delta w=\sigma_{ij}\mathrm{d}\varepsilon_{ij}=\sigma\mathrm{d}\epsilon+s_{ij}\mathrm{d}e_{ij}\text{（指标形式）}\end{cases} \tag{2-32}$$

其中“:”称为双点积，两个二阶张量的双点积得到一个标量。

推导过程

将式(2-22)代入式(2-30)，有

$$\delta W=\int_{\Omega}\mathrm{d}u_i\cdot\rho f_i^{\mathrm{d}}\mathrm{d}\Omega+\int_{\partial\Omega}\mathrm{d}u_i\sigma_{ij}n_j\mathrm{d}A$$

使用散度定理，将面积分转化为体积分，有

$$\int_{\partial\Omega}\mathrm{d}u_i\sigma_{ij}n_j\mathrm{d}A=\int_{\Omega}\left[\mathrm{d}u_i\frac{\partial\sigma_{ij}}{\partial x_j}+\sigma_{ij}\times\frac{1}{2}\left(\frac{\partial(\mathrm{d}u_i)}{\partial x_j}+\frac{\partial(\mathrm{d}u_j)}{\partial x_i}\right)\right]\mathrm{d}\Omega$$

因此

$$\delta W=\int_{\Omega}\mathrm{d}u_i\left(\frac{\partial\sigma_{ij}}{\partial x_j}+\rho f_i^{\mathrm{d}}\right)\mathrm{d}\Omega+\int_{\Omega}\sigma_{ij}\times\frac{1}{2}\left(\frac{\partial(\mathrm{d}u_i)}{\partial x_j}+\frac{\partial(\mathrm{d}u_j)}{\partial x_i}\right)\mathrm{d}\Omega$$

考虑平衡方程式(2-27)和应变能密度定义式(2-31)，得到

$$\delta w=\sigma_{ij}\times\frac{1}{2}\left(\frac{\partial(\mathrm{d}u_i)}{\partial x_j}+\frac{\partial(\mathrm{d}u_j)}{\partial x_i}\right)$$

当物体发生小变形时，有

$$\delta W=\int_{\Omega}\delta w\mathrm{d}\Omega_0$$

得到

$$\delta w=\sigma_{ij}\mathrm{d}\varepsilon_{ij}$$

将应变张量式(2-15)和应力张量式(2-25)的分解代入上式，即得到式(2-32)。

需要指出的是，格林—拉格朗日应变张量是对应于初始状态 Ω_0 定义的，采用的是拉格朗日描述；而柯西应力张量是对应于当前状态 Ω 定义的，采用的是欧拉描述。在小变形情况下，$\Omega_0\approx\Omega$，应变能密度可以由两者的双点积表示。在最一般情况下，**基尔霍夫应力张量**（Kirchhoff stress）是对应初始状态定义的，是格林—拉格朗日应变张量关于应变能密度的共轭参量；而柯西应力张量对应的共轭参量是**柯西应变张量**（Cauchy strain）。

式(2-32)适用于一切连续介质，包括各种固体、液体、气体等物质。对于气、液流体而言，由于静止流体不抗剪，式(2-32)等号右面只剩下第一项，与第一章中膨胀功的定义式完全相同。然而，对于固体等可以承受剪应力的物质，应变能不仅引起体积的变化，还引起形状的变化。从这个角度来说，流体可以认为是一种特殊的固体：在式(2-25)中，静止流体只能承受平均应力（即压强）的作用，而不能承受偏应力张量的作用。相应地，在式(2-15)中，静止流体的变形只包含体积应变，而偏应变张量为0。因此，式(2-32)可以认为是膨胀功更一般的表达式。相应地，连续介质的亥姆霍兹自由能密度可表示为

$$\begin{cases}\mathrm{d}f=\boldsymbol{\sigma}:\mathrm{d}\boldsymbol{\varepsilon}-S\mathrm{d}T(\text{实体形式})\\ \mathrm{d}f=\sigma_{ij}\mathrm{d}\varepsilon_{ij}-S\mathrm{d}T(\text{指标形式})\end{cases}\tag{2-33}$$

二、本构方程的各种形式

由第一章热力学的相关讨论，可以根据连续介质的状态函数式(2-33)写出其在恒温条件下的状态方程。

$$\sigma_{ij}=\left(\frac{\mathrm{d}f}{\mathrm{d}\varepsilon_{ij}}\right)_T=\frac{\delta w}{\mathrm{d}\varepsilon_{ij}}=R_{ij}(\varepsilon_{kl})\tag{2-34}$$

上式说明了应力张量是应变张量关于应变能密度的共轭参量。应力是应变的函数，用 R_{ij} 表示。应力和应变关系的状态方程称为**本构方程**（constitutive law）。不同材料的物理性质千差万别，其本构方程也不尽相同。比如，理想气体状态方程可以看做是描述理想气体的本构方程，但并不适用于描述真实气体、液体及固体材料。连续介质最常用的本构方程形式如下：

$$\begin{cases}\mathrm{d}\boldsymbol{\sigma}=\boldsymbol{C}:\mathrm{d}\boldsymbol{\varepsilon}(\text{实体形式})\\ \mathrm{d}\sigma_{ij}=C_{ijkl}\mathrm{d}\varepsilon_{kl}(\text{指标形式})\end{cases}\tag{2-35}$$

上式中 C_{ijki} 被称为**刚度张量**（stiffness tensor）。σ_{ij} 与 ε_{kl} 是二阶张量，各包含 9 种元素，因此 C_{ijkl} 是一个四阶张量，共有 $3^4=81$ 个元素。根据表 2-1 中的三种对称性关系，四阶刚度张量中只有 21 个元素是相互独立的。

表 2-1　四阶刚度张量的对称性

对称性	表达式
应力张量对称性	$C_{ijkl}=C_{jikl}$
应变张量对称性	$C_{ijkl}=C_{ijlk}$
麦克斯韦对称关系	$C_{ijkl}=C_{klij}$

一般来讲，真实固体材料的特性是十分复杂的，通常需要进行理想化处理。例如，可以假设固体变形过程是一个可逆过程：当物体受力后发生变形，如果施加的力移除后，物体可以恢复到原来的形状和大小。这样的材料通常称为**弹性**（elastic）。与之对应的，当固体变形过程是不可逆时，称为**塑性**（plastic）。当 C_{ijkl} 为常数时，称材料为**线弹性**（linear elastic）。当 C_{ijkl} 随 ε_{ij} 而改变时，称材料为**非线弹性**（nonlinear elastic）。常见的非线弹性包括应变硬化（刚度随应变增加而增加）和应变软化（刚度随应变增加而减小）。将式(2-35）写成增量形式，对线弹性、非线弹性及塑性材料均适用。

为了书写方便，根据上述刚度张量的对称性，本构方程可以采用 Viogt 标记法简化为以下形式：

$$\begin{bmatrix}\sigma_1\\\sigma_2\\\sigma_3\\\sigma_4\\\sigma_5\\\sigma_6\end{bmatrix}=\begin{bmatrix}C_{11}&C_{12}&C_{13}&C_{14}&C_{15}&C_{16}\\&C_{22}&C_{23}&C_{24}&C_{25}&C_{26}\\&&C_{33}&C_{34}&C_{35}&C_{36}\\&&&C_{44}&C_{45}&C_{46}\\&&&&C_{55}&C_{56}\\\text{sym}&&&&&C_{66}\end{bmatrix}\begin{bmatrix}\varepsilon_1\\\varepsilon_2\\\varepsilon_3\\\varepsilon_4\\\varepsilon_5\\\varepsilon_6\end{bmatrix}\tag{2-36}$$

其中下标有对应关系 1→11，2→22，3→33，4→23，5→13，6→12（特别的，$\varepsilon_4=2\varepsilon_{23}=\varepsilon_{23}+\varepsilon_{32}$，$\varepsilon_5=2\varepsilon_{13}=\varepsilon_{13}+\varepsilon_{31}$，$\varepsilon_6=2\varepsilon_{12}=\varepsilon_{12}+\varepsilon_{21}$）。

式(2-35）适用于已知应变求解应力的问题。然而，实际工程中经常要用已知的应力状态去求解材料的应变，这时，需要调整本构方程的表达式：

$$\begin{cases}\mathrm{d}\boldsymbol{\varepsilon}=\boldsymbol{S}:\mathrm{d}\boldsymbol{\sigma}(\text{实体形式})\\\mathrm{d}\varepsilon_{ij}=S_{ijkl}\mathrm{d}\sigma_{kl}(\text{指标形式})\end{cases}\tag{2-37}$$

式中，S_{ijkl} 也是一个四阶张量，称为**柔度张量**（compliance tensor）。

三、材料的对称性

如果材料的某种物理性能在某些方向上是相同的，则称材料关于这些方向具有对称性。以弹性刚度为例，每种类型的对称性都会导致刚度张量对于特定的对称变换具有不变性，如关于特定轴的旋转和关于特定平面的反射。内部对称性越大，刚度张量的结构越简单。

由前一节讨论可知，最一般情况下弹性常数的数目为 21 个。这种情况下材料不具有任何对称性，材料是**各向异性**（anisotropy）的。由于各种对称性，材料的力学性能在某些方向上是相同的，弹性常数的数目可以进一步减小。现介绍几种常见的材料的对称性（详细推导见附录）。

当一种材料具有三个正交的对称平面，称该材料具有**正交各向异性**（orthotropy）。如图 2-8(a) 所示，一个微小的木材单元有三个对称面，分别是关于木纹的法向、切向和径向，即材料关于 e_1、e_2 和 e_3 轴旋转 180°后力学性能不变。对于正交各向异性材料，弹性常数的数目将减小到 9 个。

当一种材料对一个坐标轴具有轴对称性，称该材料具有**横观各向同性**（transversely isotropy）。岩土材料一般表现出横观各向同性。如图 2-8(b) 所示，其力学性质沿平行于层理方向的平面内（e_1-e_2 平面内）的任一方向都是相同的。换言之，坐标系关于垂直于层理方向的坐标轴（e_3 轴）旋转时，材料表现出对称性。对于横观各向同性材料，其弹性常数将降至 5 个。

当一种材料力学性能在所有方向上都是一样的，称该材料具有**各向同性**（isotropy）。各向同性材料仅有 2 个独立的弹性常数。

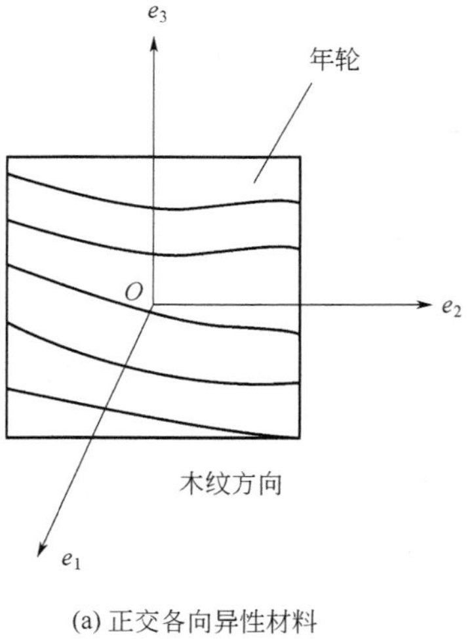

(a) 正交各向异性材料

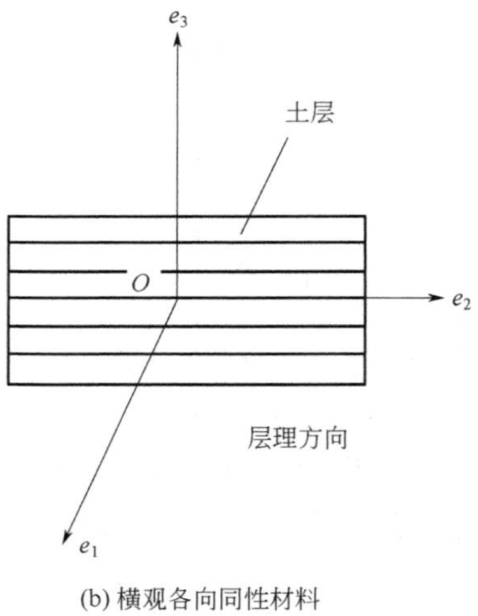

(b) 横观各向同性材料

图 2-8　材料的对称性

四、广义胡克定律

对于各向同性线弹性材料，最经典的本构方程对应**广义胡克定律**（generalized Hooke's

law)：

$$\begin{cases} \boldsymbol{\varepsilon}=\dfrac{1+\nu}{E}\boldsymbol{\sigma}-\dfrac{3\nu\sigma}{E}\boldsymbol{I}\text{（实体形式）} \\ \varepsilon_{ij}=\dfrac{1+\nu}{E}\sigma_{ij}-\dfrac{\nu}{E}\delta_{ij}\sigma_{kk}\text{（指标形式）} \\ \begin{bmatrix} \varepsilon_{11} \\ \varepsilon_{22} \\ \varepsilon_{33} \\ \varepsilon_{12} \\ \varepsilon_{13} \\ \varepsilon_{23} \end{bmatrix}=\dfrac{1}{E}\begin{bmatrix} 1 & -\nu & -\nu & 0 & 0 & 0 \\ -\nu & 1 & -\nu & 0 & 0 & 0 \\ -\nu & -\nu & 1 & 0 & 0 & 0 \\ 0 & 0 & 0 & 1+\nu & 0 & 0 \\ 0 & 0 & 0 & 0 & 1+\nu & 0 \\ 0 & 0 & 0 & 0 & 0 & 1+\nu \end{bmatrix}\begin{bmatrix} \sigma_{11} \\ \sigma_{22} \\ \sigma_{33} \\ \sigma_{12} \\ \sigma_{13} \\ \sigma_{23} \end{bmatrix}\text{（矩阵形式）} \end{cases} \tag{2-38}$$

式中，E 是**杨氏模量**（Young's modulus），ν 是**泊松比**（Poisson ratio）。这两个弹性参数可以通过单轴拉伸（压缩）实验测得（图 2-9）。在材料的一个方向施加荷载，杨氏模量定义为单轴应力和单轴应变之比，即

$$E=\frac{\sigma_{11}}{\varepsilon_{11}} \tag{2-39}$$

泊松比定义为单轴实验中横向正应变与轴向正应变的绝对值的比值，即

$$\nu=-\frac{\varepsilon_{22}}{\varepsilon_{11}}=-\frac{\varepsilon_{33}}{\varepsilon_{11}} \tag{2-40}$$

在实际工程中，通常还会用到**剪切模量**（shear modulus）的概念。在纯剪切状态下，$\sigma_{12}=\sigma_{21}$ 是应力张量中仅有的非零分量，此时剪切模量的计算式为

$$G=\frac{\sigma_{12}}{2\varepsilon_{12}} \tag{2-41}$$

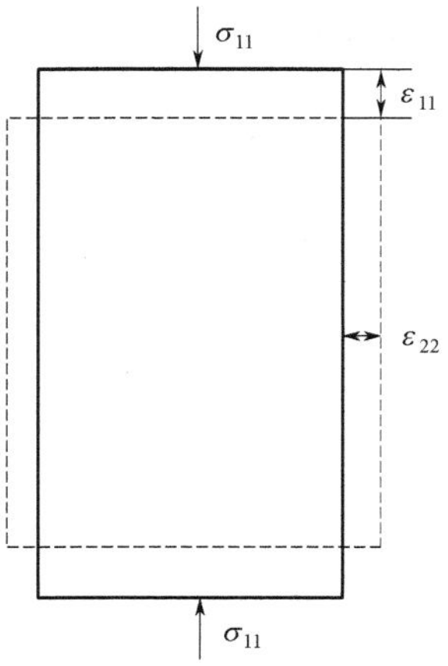

图 2-9　单轴拉伸实验

由前一节的讨论而知，各向同性线弹性材料具有 2 个相互独立的弹性常数。实际上，

剪切模量可以由弹性常数 E 和 ν 表示（推导过程见后），有

$$G=\frac{E}{2(1+\nu)} \tag{2-42}$$

推导过程

纯剪切的应力张量为$\begin{pmatrix}0 & \sigma_{12} & 0\\ \sigma_{21} & 0 & 0\\ 0 & 0 & 0\end{pmatrix}$，对角化后$\begin{pmatrix}\sigma_{12} & 0 & 0\\ 0 & -\sigma_{12} & 0\\ 0 & 0 & 0\end{pmatrix}$

则

$$\varepsilon_{12}=\frac{\sigma_{12}}{E}-\frac{\nu}{E}(-\sigma_{12})=\frac{1+\nu}{E}\sigma_{12}=\frac{1}{2G}\sigma_{12}$$

即得到式(2-42)。

本构方程的拉梅表达是用应变表示应力，其表达形式为

$$\boldsymbol{\sigma}=\lambda\epsilon\boldsymbol{I}+2G\boldsymbol{\varepsilon}\text{（实体形式）}$$

$$\sigma_{ij}=\lambda\epsilon\delta_{ij}+2G\varepsilon_{ij}\text{（指标形式）}$$

$$\begin{bmatrix}\sigma_{11}\\ \sigma_{22}\\ \sigma_{33}\\ \sigma_{12}\\ \sigma_{13}\\ \sigma_{23}\end{bmatrix}=\begin{bmatrix}\lambda+2G & \lambda & \lambda & 0 & 0 & 0\\ \lambda & \lambda+2G & \lambda & 0 & 0 & 0\\ \lambda & \lambda & \lambda+2G & 0 & 0 & 0\\ 0 & 0 & 0 & 2G & 0 & 0\\ 0 & 0 & 0 & 0 & 2G & 0\\ 0 & 0 & 0 & 0 & 0 & 2G\end{bmatrix}\begin{bmatrix}\varepsilon_{11}\\ \varepsilon_{22}\\ \varepsilon_{33}\\ \varepsilon_{12}\\ \varepsilon_{13}\\ \varepsilon_{23}\end{bmatrix}\text{（矩阵形式）} \tag{2-43}$$

上式中的 λ 为**拉梅系数**（Lamé coefficient）。

由式(2-43)可得 $\sigma_{kk}=(3\lambda+2G)\varepsilon_{kk}$，由式(2-38)可得 $\varepsilon_{kk}=\frac{1-2\nu}{E}\sigma_{kk}$。结合式(2-42)，可得到弹性常量间的关系，有

$$\lambda=\frac{E\nu}{(1-2\nu)(1+\nu)} \tag{2-44}$$

五、各向同性材料弹性模量

再介绍在工程实际中经常用到的一种弹性模量。在静水压力实验中，$\sigma_{11}=\sigma_{22}=\sigma_{33}=\sigma$ 是应力张量中仅有的非零分量。这时，**体积模量**（bulk modulus）定义为平均应力与体积应变的比值，即

$$K=\frac{\sigma}{\varepsilon_{kk}}=\lambda+\frac{2}{3}G \tag{2-45}$$

综上所述，在实际应用中，可根据不同情况采用适合的弹性常数。不同弹性常数间的关系可从表 2-2 中查得。

表 2-2　弹性模量间的关系

弹性常数 \ 相关弹性常数	G,K	G,λ	E,ν
E	$\frac{9GK}{3K+G}$	$\frac{G(3\lambda+2G)}{\lambda+G}$	E
ν	$\frac{3K-2G}{2(3K+G)}$	$\frac{\lambda}{2(\lambda+G)}$	ν
G	G	G	$\frac{E}{2(1+\nu)}$
λ	$K-\frac{2G}{3}$	λ	$\frac{\nu E}{(1+\nu)(1-2\nu)}$
K	K	$\lambda+\frac{2G}{3}$	$\frac{E}{3(1-2\nu)}$

第五节　弹性力学问题基本方程

总结本章前四节所讲的内容，一个弹性力学问题一般涉及三类物理参量，即位移矢量、应变张量及应力张量。这三类物理量包含总共 15 个未知量，即 3 个位移分量、6 个应变分量、6 个应力分量。这 15 个未知量可以由 15 个方程唯一确定，即 6 个几何方程、3 个平衡方程、6 个本构方程。因此，式(2-11)、式(2-27)、式(2-35) 被称为弹性力学的三大基本方程，如表 2-3 所示。

表 2-3　弹性力学三大方程

方程	公式
几何方程	$\boldsymbol{\varepsilon}=\frac{1}{2}(\nabla\boldsymbol{u}+\nabla^{\mathrm{T}}\boldsymbol{u})$
平衡方程	$\nabla\cdot\boldsymbol{\sigma}+\rho\boldsymbol{f}^{\mathrm{d}}=0$
本构方程	$\mathrm{d}\boldsymbol{\sigma}=\boldsymbol{C}:\mathrm{d}\boldsymbol{\varepsilon}$

由三大基本方程联立可得**纳维尔方程**（Navier equations）（推导过程见后）：

$$
\begin{cases}\rho\ddot{\boldsymbol{u}}=(\lambda+G)\nabla(\nabla\cdot\boldsymbol{u})+G\nabla^2\boldsymbol{u}+\rho\boldsymbol{f}^{\mathrm{d}}\text{（实体形式）}\\ \rho\ddot{u}_i=(\lambda+G)u_{j,ji}+Gu_{i,jj}+\rho f_i^{\mathrm{d}}\text{（指标形式）}\end{cases}\qquad(2-46)
$$

纳维尔方程又称为弹性波的位移运动方程，它的本质是牛顿第二定律 $\boldsymbol{f}=m\boldsymbol{a}$ 在变形体上的推广。

推导过程

将式(2-11) 代入式(2-43) 得

$$
\boldsymbol{\sigma}_{ij}=\lambda u_{k,k}\delta_{ij}+G(u_{i,j}+u_{j,i})
$$

将上式代入式(2-27)，并在平衡方程中加入动力学项，可以得到

$$
\rho f_i^{\mathrm{d}}+[\lambda u_{k,k}\delta_{ij}+G(u_{i,j}+u_{j,i})]_{,j}=\rho\ddot{u}_i
$$

整理上式可得式(2-46)。

第三章　饱和多孔介质弹性

第二章讨论了连续介质的变形、受力描述及本构关系，本章将这些内容推广到多孔介质。与连续介质不同，多孔介质包括固体骨架和孔隙流体两部分，是一个非均匀系统。因此，多孔介质力学常常涉及力—温度—化学—相多场耦合，一般情况下都十分复杂。体现这一特性一个典型的例子是土力学的有效应力原理。奥地利学者太沙基（K. Terzaghi）在1923年通过实验发现，土的变形不是由总应力完全决定的，而是由超过孔隙压力的应力部分控制的。针对有效应力原理的理论解释持续了很长时间。很多学者试图将固体骨架和孔隙流体两部分分别考虑，进而解释这一原理；然而这一思路的局限性显而易见：孔隙结构的复杂性让对两部分的几何描述十分困难。热力学不拘泥于系统的具体形式，也不关注各种复杂物理、化学过程本身，而仅是聚焦这些复杂系统在各个过程中的能量传递。因此，本章将在热力学的框架内推导出弹性条件下多孔介质的本构方程。

发现力与变形的线性关系可以追溯到17世纪胡克（R. Hook）的早期实验。另外，杨（T. Young）和泊松（S. Poisson）的名字也与弹性体本构方程的现代表达式紧紧相关。令人惊讶的是，将这些本构方程自然扩展到多孔弹性固体要等到20世纪中叶。比利时籍美国科学家比奥（M. Biot）在研究地震波传播的一系列开创性论文中完成了这一工作，他也因此被公认为多孔弹性理论的创始人。

第一节　饱和多孔介质状态函数

与连续介质相同，也选取代表性单元体作为多孔介质的研究对象。由于多孔介质单元体内包括固体骨架和孔隙流体两部分，所以描述多孔介质的状态函数与连续介质不完全相同。另外，连续介质一般是封闭系统，而多孔介质与环境之间会发生物质交换，因此是开放系统。在本章中，仅考虑孔隙内包含一相的情况，即饱和状态；孔隙内包含多相流体（非饱和）的情况将在后面的章节专门讨论。

一、变形描述

多孔介质的变形不仅包括固体骨架的变形，也包括孔隙的变形（图3-1）。因此，需要两个量才能对多孔介质的变形进行完全描述。与描述连续介质的变形相同，采用应变张量 $\boldsymbol{\varepsilon}$ 描述多孔介质单元体的变形。为了描述孔隙的变形，引入孔隙率这一物理量。最常见的孔隙率 n_ϕ 定义为孔隙体积 Ω^{P} 与多孔介质总体积 Ω 的比例，有

$$n_\phi=\frac{\Omega^{\mathrm{P}}}{\Omega} \tag{3-1}$$

上式针对当前状态，被称为**欧拉孔隙率**（Euler porosity）。单元体总体积 Ω 在变形过程中是不断变化的，所以 $\Delta n_\phi=\Omega^{\mathrm{P}}/\Omega-\Omega_0^{\mathrm{P}}/\Omega_0$ 无法描述变形条件下孔隙率的变化。因此，引入**拉格朗日孔隙率**（Lagrange porosity），其计算式为

$$\phi=\frac{\Omega^{\mathrm{P}}}{\Omega_0} \tag{3-2}$$

式中 Ω_0 为初始状态下的总体积。进而，多孔介质孔隙率的变化的计算式为

$$\phi-\phi_0=\frac{\Delta\Omega^{\mathrm{P}}}{\Omega_0} \tag{3-3}$$

需要指出的是，此处采用二阶张量（应变张量）描述单元体的变形，却仅采用了标量（拉格朗日孔隙率）描述孔隙的变形。这主要是因为孔隙内的流体不抗剪，因此只可能有体积的变化，而不会发生剪切变形。另外，此处定义的孔隙率只针对连通孔隙，非连通孔隙可以认为是固体骨架的一部分。

综上所述，整个多孔介质的体积变形包含固体骨架体积的变化 $(1-\phi_0)\epsilon^{\mathrm{S}}$ 和孔隙体积的变化 $\phi-\phi_0$ 两部分，即

$$\epsilon=(1-\phi_0)\epsilon^{\mathrm{S}}+\phi-\phi_0 \tag{3-4}$$

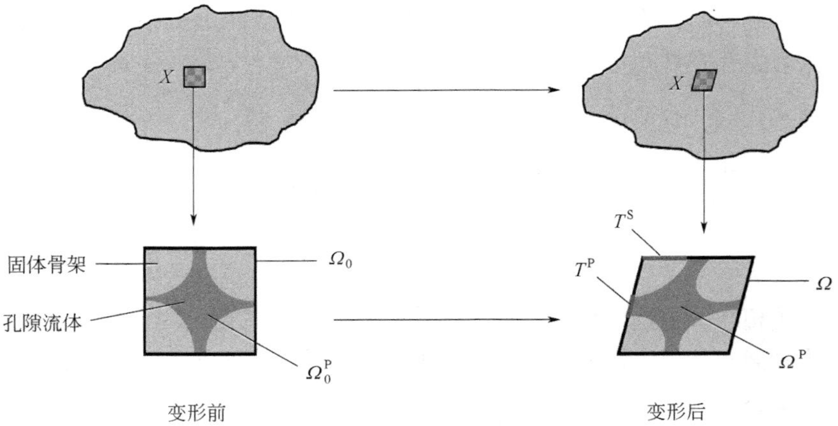

图 3-1　多孔介质的变形和受力状态

二、受力描述

与变形描述相似，多孔介质的应力张量 $\boldsymbol{\sigma}$ 也可以分为两部分，一部分是固体骨

架受到的应力 $\boldsymbol{\sigma}^{S}$，另一部分是孔隙流体受到的压强 p。三者间的关系为（推导过程见后）

$$\boldsymbol{\sigma}=(1-n_{\phi})\boldsymbol{\sigma}^{S}-n_{\phi}p\boldsymbol{I} \tag{3-5}$$

多孔介质力学定义受拉为正，受压为负。因此上式 p 前为负号。

推导过程

多孔介质单元体受到的面力 $\boldsymbol{T}$ 可分为固体骨架受到的面力 $\boldsymbol{T}^{S}$ 和孔隙流体受到的面力 $\boldsymbol{T}^{P}$，整个单元体的边界 dA 可分为固体骨架部分 dA^{S} 和孔隙流体部分 dA^{P}（图 3-1），有

$$\boldsymbol{T}dA=\boldsymbol{T}^{S}dA^{S}+\boldsymbol{T}^{P}dA^{P}$$

根据前一章柯西应力张量的推导可知

$$\boldsymbol{T}dA=\boldsymbol{\sigma}\cdot\boldsymbol{n}d\Omega$$

$$\boldsymbol{T}^{S}dA^{S}=\boldsymbol{\sigma}^{S}\cdot\boldsymbol{n}d\Omega^{S}$$

$$\boldsymbol{T}^{P}dA^{P}=\boldsymbol{\sigma}^{P}\cdot\boldsymbol{n}d\Omega^{P}$$

因此，有

$$\boldsymbol{\sigma}d\Omega=\boldsymbol{\sigma}^{S}d\Omega^{S}+\boldsymbol{\sigma}^{P}d\Omega^{P}$$

因为 $d\Omega^{S}=(1-n)d\Omega$，$d\Omega^{P}=nd\Omega$，孔隙流体不抗剪（$\boldsymbol{\sigma}^{P}=-p\boldsymbol{I}$），即可得到式(3-5)。

三、多孔介质的热力学基本关系式

流体可以进出多孔介质系统，因此多孔介质为开放系统。开放系统的单位体积亥姆霍兹自由能 df 的计算式为：

$$df=\boldsymbol{\sigma}:d\boldsymbol{\varepsilon}-SdT+\sum_{J}\mu_{J}dn_{J}$$

式中，下标 J 表示孔隙流体的各组分，n_J 和 μ_J 分别是组分 J 的物质的量和化学势。

单位多孔介质体积内孔隙流体的自由能的计算式为

$$df^{P}=-pd\phi-S^{P}dT+\sum_{J}\mu_{J}dn_{J}$$

亥姆霍兹自由能是广延变量。因此，单位多孔介质体积中固体骨架的自由能的计算式为

$$df^{S}=df-df^{P}=\boldsymbol{\sigma}:d\boldsymbol{\varepsilon}+pd\phi-S^{S}dT \tag{3-6}$$

其中 $S^{S}=S-S^{P}$。

第二节　饱和多孔弹性本构方程

式(3-6) 中固体骨架的自由能 $\mathrm{d}f^{\mathrm{S}}$是关于 $\boldsymbol{\varepsilon}$、ϕ 和 T 的函数。而在实际应用中，通常孔隙率不好测量，而孔压比较容易控制。所以，常运用勒让德变换，得到一个关于 $\boldsymbol{\varepsilon}$、p 和 T 的状态函数 $\mathrm{d}\boldsymbol{\eta}^{\mathrm{S}}$：

$$\mathrm{d}\boldsymbol{\eta}^{\mathrm{S}}=\mathrm{d}f^{\mathrm{S}}-\mathrm{d}(p\phi)=\boldsymbol{\sigma}:\mathrm{d}\boldsymbol{\varepsilon}-\phi\mathrm{d}p-S^{\mathrm{S}}\mathrm{d}T \tag{3-7}$$

将式(2-32) 代入上式，状态函数可以改写为

$$\mathrm{d}\boldsymbol{\eta}^{\mathrm{S}}=\sigma\mathrm{d}\epsilon-\phi\mathrm{d}p-S^{\mathrm{S}}\mathrm{d}T+s_{ij}de_{ij}$$

等温条件下，固体骨架的状态方程为

$$\sigma=\frac{\partial\boldsymbol{\eta}^{\mathrm{S}}}{\partial\varepsilon}$$

$$\phi=-\frac{\partial\boldsymbol{\eta}^{\mathrm{S}}}{\partial p}$$

$$s_{ij}=\frac{\partial\boldsymbol{\eta}^{\mathrm{S}}}{\partial e_{ij}}$$

对上式进行全微分展开，即可得到饱和多孔弹性的本构方程：

$$\mathrm{d}\sigma=K\mathrm{d}\epsilon-b\mathrm{d}p \tag{3-8a}$$

$$\mathrm{d}\phi=b\mathrm{d}\epsilon+\frac{\mathrm{d}p}{N} \tag{3-8b}$$

$$\mathrm{d}s_{ij}=2G\mathrm{d}e_{ij} \tag{3-8c}$$

上式中，流体不抗剪，所以固体骨架的剪应变与孔压无关，只与偏应力张量有关。式中体积模量 K、剪切模量 G 与前一章中弹性本构方程中的定义相同。b 为**比奥系数**（Biot coefficient）。根据麦克斯韦关系式，比奥系数既可以表征恒容条件时平均应力和孔隙压力的比值，也可以表征恒孔压情况下多孔介质总体积变化中孔隙体积变化的占比，有

$$b=-\left(\frac{\partial\sigma}{\partial p}\right)_{\epsilon}=\left(\frac{\partial\phi}{\partial\epsilon}\right)_{p} \tag{3-9}$$

N 为**比奥模量**（Biot modulus），定义为恒容条件下孔压与孔隙率变化的比值，有

$$N=\left(\frac{\partial p}{\partial\phi}\right)_{\epsilon} \tag{3-10}$$

根据式(3-8a)，可以发现多孔介质的变形不仅与应力有关，还与孔压有关。换言之，即使受到应力的作用，但当孔压也相应变化时（$p=-\sigma/b$），多孔介质仍然可以保持不变形。定义**有效应力**（effective stress）的计算式为

$$\sigma'=\sigma+bp \tag{3-11}$$

由上式可以看出，有效应力是控制多孔介质变形的参量。有效应力的概念最早是太沙基在研究地基沉降问题时通过实验观察总结得到的。有效应力原理是土力学的核心理论，因此太沙基也被誉为“土力学之父”。其完备的理论解释是由比奥建立的多孔弹性理论最终给出的。

第三节　饱和多孔弹性参数

一、细观多孔弹性

多孔介质的变形主要包括孔隙体积的变化及固体骨架的变形。因此，多孔弹性参数 b、N 与固体基质的弹性参数有关，本节将对此问题进行详细讨论。各向同性固体基质的本构方程为

$$d\sigma^{S}=K_{S}d\epsilon^{S} \tag{3-12}$$

比奥系数的细观力学表达式为（推导过程见后）

$$b=1-\frac{K}{K_{S}} \tag{3-13}$$

从上式可以看出，比奥系数 b 与 K、K_S 有关，数值在 0 和 1 之间。当固体骨架不可压缩时，K_S 很大，因此 $b=1$，即对应太沙基有效应力原理。当 $K=K_S$ 时，$b=0$，此时多孔弹性本构方程变为弹性力学方程。

推导过程

当 $dp=0$ 时，式(3-4)、式(3-5) 和式(3-12) 变为

$$d\sigma^{S}=K_{S}d\epsilon^{S},\quad d\sigma=(1-\phi_0)d\sigma^{S},\quad d\epsilon=(1-\phi_0)d\epsilon^{S}+d\phi$$

因此可得

$$d\sigma=K_{S}(d\epsilon-d\phi)$$

又由式(3-8a)、式(3-8b) 可知

$$d\sigma=Kd\epsilon,\quad d\phi=bd\epsilon$$

综合上面两式可得式(3-13)。

比奥模量的细观力学表达式为（推导过程见后）

$$\frac{1}{N}=\frac{b-\phi_0}{K_{S}} \tag{3-14}$$

推导过程

当 $d\sigma=-dp$ 时，由式(3-5) 可知 $dp=-d\sigma^S$，将此式和式(3-4) 代入式 (3-12)，得

$$-dp=K_S\frac{d\epsilon-d\phi}{1-\phi_0}$$

再将式(3-8b) 代入上式可得

$$-dp=\frac{K_S}{1-\phi_0}\left[(1-b)d\epsilon-\frac{dp}{N}\right]$$

之后将式(3-8a) 代入上式，并消去 dp 可得

$$\frac{1}{N}=\frac{1-\phi_0}{K_S}-\frac{(1-b)^2}{K}$$

又因为式(3-13)，最终得到式(3-14)。

接下来简要讨论比奥系数和比奥模量的实验测量方法。通常，先通过三轴压缩实验测量得到 K_S 和 K，进而利用式(3-13)、式(3-14) 求得比奥系数和比奥模量。测量 K_S 一般采用两种加载路径。一种加载路径是保持围压和孔压同步等量加载，即 $d\sigma=-dp$。根据式(3-5) 这种路径下 $d\sigma=d\sigma_S$，测量的围压和体积应变的比值即为 K_S。第二种路径是施加足够大的围压，在保证不破坏的情况下尽量将试样压实，使试样中的孔隙完全闭合。在这种情况下测量得到的 K 也可近似等于 K_S。

二、排水模量和不排水模量

多孔介质在受到外力作用变形时，常涉及排水和不排水两种情况，见图 3-2。当攥紧一个吸满水的海绵时，水会被挤出。通过多孔弹性本构方程式(3-8b)，可以解释这一现象：饱水的海绵在外力作用下体积收缩，进而导致孔隙体积减小，流体排出。在这一过程中，孔内流体与环境相连通，孔压受环境控制，这种情况为排水条件。进而，式(3-8a) 中的 K 表示在孔压恒定的情况下，应力与应变的比值，称为**排水模量**（drained modulus）。

如果在海绵外套上一层塑料袋，再用手攥紧，此时海绵的变形与排水条件下的具有很大不同。此时多孔固体孔隙内的流体质量不变，这种情况为不排水条件。研究不排水条件下多孔介质的变形，需要对本构方程进行适当变化。考虑孔隙流体质量可以表示为 $dm_f=d(\rho_f\phi)$，式(3-8) 可以重写为（推导过程见后）：

$$d\sigma=Kd\epsilon-bdp \tag{3-15a}$$

$$\frac{dm_f}{\rho_{f0}}=bd\epsilon+\frac{dp}{M} \tag{3-15b}$$

$$ds_{ij}=2Gde_{ij} \tag{3-15c}$$

其中 M 为**库西模量**（Coussy modulus），其计算式为

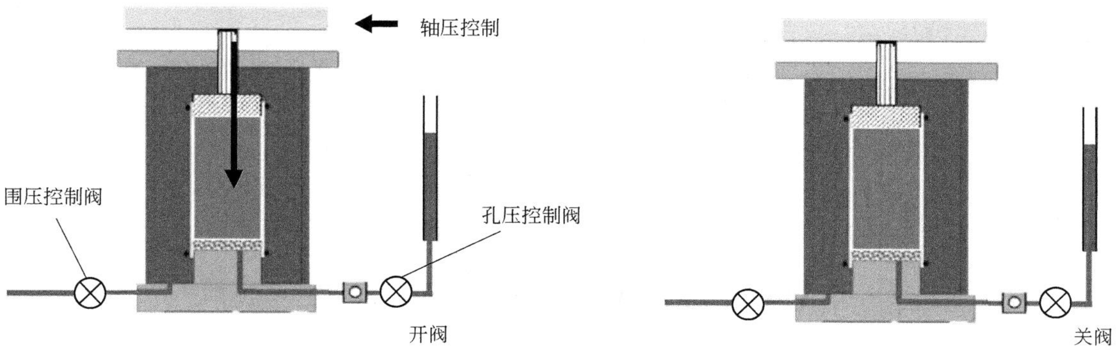

(a) 排水条件　　(b) 不排水条件

图 3-2　排水条件和不排水条件

$$\frac{1}{M}=\frac{\phi_0}{K_f}+\frac{1}{N} \tag{3-16}$$

进而，可以得到**不排水模量**（undrained modulus）（推导过程见后）的计算式：

$$K_u=K+b^2M \tag{3-17}$$

由上式可以看出，不排水模量大于排水模量。换言之，当受到相同的应力作用时，不排水条件下材料的变形相比排水条件下更小。以前面讨论的挤压海绵为例，当被塑料包裹的海绵受压后，流体无法排出会引起憋压，从而抑制最终的压缩量。

推导过程

$$dm_f=d(\rho_f\phi)=\rho_f d\phi+\phi d\rho_f$$

孔隙流体的本构方程为

$$\frac{d\rho_f}{\rho_f}=\frac{dp}{K_f}$$

式中 K_f 是流体的体积模量。结合上面两式，考虑小变形情况，有

$$\frac{d(\rho_f\phi)}{\rho_{f0}}=d\phi+\phi_0\frac{dp}{K_f}$$

将式(3-8b) 代入上式可得

$$\frac{d(\rho_f\phi)}{\rho_{f0}}=b d\epsilon+\left(\frac{1}{N}+\frac{\phi_0}{K_f}\right)dp=0$$

将上式代入式(3-8a)，并令$\frac{1}{M}=\frac{\phi_0}{K_f}+\frac{1}{N}$，可得

$$d\sigma=(K-b^2M)d\epsilon$$

由此得到式(3-17)。

不排水模量还有另外一个表达式。将式(3-13)、式(3-14)和式(3-16)代入式(3-17)即可得到著名的**比奥—加斯曼公式**(Biot-Gassmann equation):

$$K_u=(1-b)K_S+\frac{b^2}{\frac{\phi_0}{K_f}+\frac{1-\phi_0}{K_S}+\frac{b-1}{K_S}} \tag{3-18}$$

第四节　饱和多孔热弹性

相对于等温情况，非等温情况的状态方程需要再加一项：

$$S^S=-\frac{\partial\eta^S}{\partial T}$$

因此，在考虑温度之后的多孔介质本构方程为

$$d\sigma=Kd\epsilon-bdp-3\alpha KdT \tag{3-19a}$$

$$d\varphi=bd\epsilon+\frac{dp}{N}-3\alpha_\varphi dT \tag{3-19b}$$

$$dS^S=3\alpha Kd\epsilon-3\alpha_\varphi dp+C\frac{dT}{T_0} \tag{3-19c}$$

式中 3α 为多孔介质的热膨胀系数；$3\alpha_\varphi$ 为孔隙的热膨胀系数；C 为热容。

$$3\alpha=\left(\frac{d\epsilon}{dT}\right)_{\sigma,p};3\alpha_\varphi=\left(\frac{d\varphi}{dT}\right)_{\epsilon,p};C=T_0\left(\frac{dS^S}{dT}\right)_{\epsilon,p}$$

多孔介质的热膨胀系数 3α 等于其固体骨架的热膨胀系数 $3\alpha_S$，孔隙的热膨胀系数与固体骨架的热膨胀系数也存在关系，表达式如下（推导过程见后）：

$$\alpha=\alpha_S;\quad \alpha_\varphi=\alpha_S(b-\phi_0) \tag{3-20}$$

推导过程

从式中可以看出，α、α_φ、C 等参数的测量，需要应变保持不变，这在实验中很难做到。在实验室中保证应力恒定比较容易。所以，用 σ 代替 ϵ，有

$$dS^S=3\alpha d\sigma+(3\alpha b-3\alpha_\varphi)dp+(9\alpha^2KT_0+C)dT/T_0$$

设 $C_\sigma=C+9T_0\alpha^2K$，它是恒定应力状态下的体积热容，实际情况中的热容也是用此式进行计算。下面来推导微观力学下的热孔弹本构方程。

多孔介质的状态方程为

$$dS^S=3\alpha d\sigma+(3\alpha b-3\alpha_\varphi)dp+C_\sigma dT/T_0$$

单位体积固体基质的状态方程为

$$dS^{SM}=3\alpha_S d\sigma^S+C_{\sigma S}dT/T_0;$$

对于单位体积多孔介质来说，其包含固体骨架的体积为 $1-\phi_0$，因此可以得到

$$dS^{S}=(1-\phi_0)\,dS^{SM}$$

将式(3-5) 与上面两式联立，可得多孔介质状态方程的另一表达为

$$dS^{S}=3\alpha_S d\sigma+3\alpha_S\phi_0 dp+(1-\phi_0)\,C_{\sigma S}dT/T_0$$

对比可得

$$\alpha=\alpha_S\,;\alpha_{\varphi}=\alpha_S(b-\phi_0)\,;C_{\sigma}=(1-\phi_0)\,C_{\sigma S}$$

第四章　多孔介质传质传热

多孔介质是开放系统，其能量传递方式主要包含做功、传热及物质交换。前两章系统讨论了多孔介质的变形，属于做功问题。本章将继续讨论能量传递的另外两种形式：传质及传热。传质和传热在本质上都属于扩散问题，因此一起讨论。

多孔介质的传质主要包括对流和扩散两种方式。1855 年，德国生理学家菲克（A. Fick）实验发现了分子扩散速率与浓度差的关系。1856 年，法国工程师达西（H. Darcy）通过大量的实验，总结得到了水流通过砂质土体的流量与压力梯度的关系，由此建立了多孔介质对流的经典方程——达西定律。传热过程主要包含三种基本方式：热传导、热对流及热辐射。1701 年，英国物理学家牛顿（I. Newton）由实验得到了对流传热的基本关系式。1822 年，法国数学家傅里叶（J. Fourier）构建了良好的数学模型，由此成功建立了热传导方程。1878 年，斯特藩（J. Stefan）提出了热辐射的计算公式。

第一节　质量和能量守恒

从热力学角度出发，多孔介质的传质传热本质上也是一种能量传递过程，必须遵循热力学第一定律。对于多孔介质任一单元体 Ω（其边界为 $\partial\Omega$），守恒定律的数学表达式为

$$\frac{\mathrm{d}}{\mathrm{d}t}\int_{\Omega} Y\mathrm{d}\Omega = -\int_{\partial\Omega}\boldsymbol{Q}\cdot\boldsymbol{n}\mathrm{d}A + \int_{\Omega}\widetilde{Y}\,\mathrm{d}\Omega \tag{4-1}$$

式中，Y 为某一描述质量或能量的参量，$\boldsymbol{Q}$ 为物质或能量通过单元体边界的净流出量，$\boldsymbol{n}$ 为边界的外法向方向，$\tilde{Y}$ 为参量在单元体内部的变化量。守恒方程等号右边的两项分别称为通量项和源汇项。

举一个例子便于大家理解守恒方程的物理意义。在一个有门和窗的房间内放一盆绿植，此时房间内氧气含量的增加量就等于通过门和窗流入房间（流出到环境的负值）的氧气量与绿植光合作用所产生的氧气量之和，它们就分别代表了守恒方程中的通量项和源汇项。通过散度定理（见附录）将上式中关于通量项的面积分化为体积分，得到守恒方程的一般表达式：

$$\frac{\mathrm{d}Y}{\mathrm{d}t}=-\nabla\cdot(\boldsymbol{Q})+\tilde{Y} \tag{4-2}$$

后面两节将在该守恒方程基础上，进一步推导出多孔介质传质及多孔介质传热的控制方程。

第二节　多孔介质传质

传质是一种自然界的物理现象，是组成物质的分子从一个位置到另一个位置的净运动。多孔介质内孔隙流体的传质过程一般通过对流、扩散等方式进行。**对流**（advection）是流体分子由于压强差而发生运动的现象。**扩散**（diffusion）作用是物质分子由于浓度差而发生移动的现象。对流作用使流体相进行整体运动，而扩散作用使相内的各组分间发生相对运动，不涉及相的整体运动。例如将墨汁滴入盛水的烧杯中，即使水未运动，墨汁仍会扩散开来。

一、达西定律

在多孔介质传质中用 $\boldsymbol{q}$ 代表流体的渗流速度（m/s），以下简称流速。由于流体只在多孔介质中的孔隙通道内流动，所以渗流速度与真实速度 $\boldsymbol{v}$ 的关系为

$$\boldsymbol{q}=\phi\boldsymbol{v} \tag{4-3}$$

达西定律（Darcy's law）是渗流中最基本的定律，它是描述多孔介质内对流过程的理论基础。单相达西定律的数学表达式为：

$$\boldsymbol{q}_\beta=-\frac{k}{\mu_\beta}(\nabla p_\beta-\rho_\beta\boldsymbol{g}) \tag{4-4}$$

式中 μ_β 为相 β 的动力黏度（Pa・s），k 为绝对渗透率（m^2）。绝对渗透率是多孔介质本身的一种属性，与多孔介质的孔隙结构有关，而与通过其流体的性质无关。

达西定律常被推广到多相流的情况，即多相达西定律，其数学表达式为

$$\boldsymbol{q}_\beta=-\frac{kk_{r\beta}}{\mu_\beta}(\nabla p_\beta-\rho_\beta\boldsymbol{g}) \tag{4-5}$$

式中 $k_{r\beta}$ 为相对渗透率，表示多孔介质饱和多相流体时，其对每一相流体的有效渗透率与多孔介质绝对渗透率的比值。由定义可以看出，相对渗透率取值在 0 与 1 之间，与各相的饱和度有关。

二、菲克定律

达西定律表明当存在压强梯度时，多孔介质内某相会发生整体运动。当相内又同时包

含多种组分时，除了相的整体运动，各组分还会在浓度差的作用下发生扩散。相内组分的扩散作用可以由**菲克定律**（Fick's law）描述，其数学表达式为

$$\boldsymbol{J}_\alpha = -\sum_\beta c_\beta D \nabla x_{\alpha\beta} \tag{4-6}$$

式中 $\boldsymbol{J}_\alpha$ 表示通过单位面积多孔介质的组分 α 的摩尔通量[mol/(m^2 · s)]；D 为扩散系数（m^2/s）；c_β 表示多孔介质内相 β 的摩尔含量（mol/m^3）；$x_{\alpha\beta}$ 为组分 α 在相 β 中的摩尔分数。

三、传质控制方程

多孔介质流体在渗流过程中必须遵循质量守恒方程，此处用摩尔含量描述孔隙流体质量的变化，则式(4-2) 变为：

$$\frac{\partial c_\alpha}{\partial t} = \nabla \cdot \boldsymbol{J}_\alpha + \tilde{c_\alpha} \tag{4-7}$$

式中 c_α 表示单位体积多孔介质中组分 α 的摩尔含量（mol/m^3）；$\tilde{c_\alpha}$ 为源汇项[mol/(m^3 · s)]。$\boldsymbol{J}_\alpha$ 包含对流和扩散两种作用，因此上式可进一步展开为

$$\frac{\partial}{\partial t}\sum_\beta \phi S_\beta \rho_\beta^{\mathrm{n}} x_{\alpha\beta} = -\nabla \cdot \sum_\beta (c_\beta D \nabla x_{\alpha\beta} + \rho_\beta^{\mathrm{n}} \boldsymbol{q}_\beta x_{\alpha\beta}) + \tilde{c_\alpha} \tag{4-8}$$

式中 S_β 为相 β 的饱和度，ρ_β^{n} 为相 β 的摩尔密度（mol/m^3）。

上式是多孔介质传质最一般的形式。当考虑单相单组分流动时，$S_\beta = 1$，$x_{\alpha\beta} = 1$，通量项仅包含对流作用。忽略源汇项，将上式两端乘以组分 α 的摩尔质量 M_α(kg/mol)，得到饱和情况下多孔介质质量守恒方程：

$$\frac{\partial m_{\mathrm{f}}}{\partial t} = \frac{\partial(\phi\rho_{\mathrm{f}})}{\partial t} = \nabla \cdot (\rho_{\mathrm{f}} \boldsymbol{q}) \tag{4-9}$$

在忽略多孔介质的压缩性，仅考虑流体压缩性时，上式可进一步简化为（推导过程见后）

$$\frac{\partial p}{\partial t} = \frac{k K_{\mathrm{f}}}{\mu \phi_0} \nabla^2 p \tag{4-10}$$

推导过程

对于质量守恒方程左侧，有

$$\frac{\partial(\rho_{\mathrm{f}}\phi)}{\partial t} = \rho_{\mathrm{f}}\frac{\partial \phi}{\partial t} + \phi\frac{\partial \rho}{\partial t} = \rho_{\mathrm{f}}\frac{\partial \phi}{\partial p}\frac{\partial p}{\partial t} + \phi\frac{\partial \rho}{\partial p}\frac{\partial p}{\partial t}$$

由于不考虑多孔介质的可压缩性，因此$\partial\phi/\partial p = 0$。而对于流体来说，其压缩性可以根据流体体积模量 K_{f} 来计算，即

$$\frac{\mathrm{d}\rho_{\mathrm{f}}}{\rho_{\mathrm{f}}} = \frac{\mathrm{d}p}{K_{\mathrm{f}}}$$

将上式代入质量守恒方程左侧，即可得到

$$\frac{\partial m_f}{\partial t}=\phi_0\frac{\rho_{f0}}{K_f}\frac{\partial p}{\partial t}$$

将达西定律代入质量守恒方程右侧，可得

$$\begin{aligned}-\nabla\cdot(\rho_f\boldsymbol{q})&=\nabla\cdot\left(\frac{\rho_f k}{\mu}\nabla p\right)\\&=\rho_{f0}\frac{k}{\mu}\nabla\cdot\left(e^{\frac{1}{K_f}(p-p_0)}\nabla p\right)\\&=\rho_{f0}\frac{kK_f}{\mu}\nabla\cdot\left[\nabla\left(e^{\frac{1}{K_f}(p-p_0)}\right)\right]\\&\approx\rho_{f0}\frac{kK_f}{\mu}\nabla\cdot\left[\nabla\left(1+\frac{1}{K_f}(p-p_0)\right)\right]\\&=\rho_{f0}\frac{k}{\mu}\nabla^2 p\end{aligned}$$

化简即可得到式(4-10)。

第三节　多孔介质传热

传热是指由于空间温差而引起的能量转移，包括热传导、热对流和热辐射三种方式。

一、热传导

热传导是物体各部分间不发生相对位移，仅由内部粒子的碰撞和电子运动所引起的热量传递过程。描述热传导的控制方程对应**傅里叶导热定律**（Fourier's law），为

$$\boldsymbol{J}^{h}=-\lambda_c\nabla T \tag{4-11}$$

式中 $\boldsymbol{J}^h$ 为热流量密度[J/(m^2·s)]；λ_c 为物体的导热系数[W/(m·K)]。傅里叶方程表明在热传导过程中，热流量密度正比于温度梯度，并且热量传递的方向与温度降低方向一致。

二、热对流

热对流描述的是流体流过一个物体表面时流体与物体表面间的热量传递过程。热对流

的传热速率可由**牛顿冷却定律**（Newton’s law of cooling）计算得到，其计算式为

$$J^{h}=h_{c}(T_{s}-T_{\infty}) \tag{4-12}$$

式中 h_c 称为对流系数[W/(m² · K)]，反映了对流传热的快慢。T_{∞} 为流体温度；T_s 为与流体接触的固体表面温度。

三、热辐射

热辐射是物体用电磁辐射把热能向外散发的传热方式，任何温度高于 0K 的物体都会产生热辐射。导热、对流这两种热量的传递方式都需要物质作为介质才能实现，而热辐射可直接在真空中进行。例如，地球和太阳之间只能通过辐射传热。热辐射速率的表达式为

$$J^{h}=f_{0}\sigma_{0}T^{4} \tag{4-13}$$

式中 f_0 是物体的发射率，又称黑度，其值在 0 到 1 之间，与物体的种类及表面状态有关；σ_0 为玻尔兹曼常数，即黑体辐射常数，其值为 5.67×10^{-8}W/(m² · K⁴)。

四、传热控制方程

多孔介质系统不仅要质量守恒，也要能量守恒。用内能描述多孔介质能量的变化，则式(4-2) 变为

$$\frac{\partial U}{\partial t}=\nabla\cdot(\boldsymbol{J}^{h})+\widetilde{U} \tag{4-14}$$

其中 $\widetilde{U}$ 为源汇项，如相变过程中释放的潜热。多孔介质系统的内能等于固体基质内能（U^{S}）和孔隙流体内能之和，即有

$$U=(1-\phi)U^{S}+\sum_{\beta}\phi S_{\beta}\rho_{\beta}U_{\beta}$$

$\boldsymbol{J}^{h}$ 代表总的热流量密度。多孔介质是开放系统，环境与系统的热量传递可以通过孔隙流体流动实现。同时，多孔介质代表性单元体包含固体骨架和孔隙流体两部分，两部分之间存在的对流传热属于单元体内部的传热机制。单元体之间里仅存在热传导和热辐射两种传热方式。因此有

$$\boldsymbol{J}^{h}=\lambda_{c}\nabla T-\sum_{\beta}h_{\beta}\boldsymbol{J}_{\beta}-f_{0}\sigma_{0}T^{4}$$

式中 S_β 为相 β 的饱和度，U_β 为孔隙内相 β 的内能，h_β 为相 β 的比焓（J/kg），$\boldsymbol{J}_\beta$ 为相 β 的质量流速[kg/(m² · s)]。上式等号右边三项分别表示热传导项、传质引起的能量变化项及热辐射项。

上式为多孔介质传热的一般形式，由于热辐射传递的热量很小，当忽略热辐射及源汇项时，将式(1-12) 代入式(4-14) 中，可化简得到热传导控制方程

$$\frac{\partial T}{\partial t}=\frac{\lambda_{c}}{C_{p}}\nabla^{2} T \tag{4-15}$$

上述两类控制方程式(4-10）和式(4-15）形式相同，在数学物理方程中被统称为**扩散方程**（diffusion equation）或**泊松方程**（Poisson equation)。关于某一参量 Y 的扩散方程为

$$\frac{\partial Y}{\partial t}=D_{Y}\nabla^{2} Y \tag{4-16}$$

式中 D_Y 为扩散系数。

第四节　流固耦合控制方程

通过前一章及本章的讨论，可以得到饱和状态下考虑多孔介质对流和变形的控制方程，见表 4-1。

表 4-1　多孔介质的基本方程

方程	公式	方程展开个数
质量守恒方程	$\partial m_{f}/\partial t=-\nabla\cdot(\rho_{f}\boldsymbol{q})$	1
达西定律	$\boldsymbol{q}=-k/\mu(\nabla p-\rho_{f}\boldsymbol{g})$	3
平衡方程	$\nabla\cdot\boldsymbol{\sigma}+\rho\boldsymbol{f}^{d}=0$	3
多孔弹性方程 1	$d\boldsymbol{\sigma}=\lambda d\epsilon\boldsymbol{I}+2Gd\boldsymbol{\varepsilon}-bdp\boldsymbol{I}$	6
多孔弹性方程 2	$dm_{f}=\rho_{f_0}(bd\epsilon+dp/M)$	1
几何方程	$\boldsymbol{\varepsilon}=\frac{1}{2}(\nabla\boldsymbol{u}+\nabla^{T}\boldsymbol{u})$	6

在多孔弹性介质中，共有 20 个未知分量：m_f（1 个)、$\boldsymbol{q}$（3 个)、$\boldsymbol{\sigma}$（6 个)、p（1 个)、$\boldsymbol{\varepsilon}$（6 个)、$\boldsymbol{u}$（3 个)，它们可以通过多孔介质中的 20 个基本方程求出。

第五章　不饱和多孔介质弹性

当孔隙中只含有一种流体时，多孔介质处于饱和状态。当孔隙中同时存在两种及以上互不相溶的流体时，多孔介质处于不饱和状态。在不饱和多孔介质中，不同物质之间会存在界面现象。之前的章节讨论了饱和多孔介质的本构方程，本章将考虑界面的影响，从而研究不饱和状态下的多孔弹性力学。

早在19世纪初，人们就开始了对界面的研究。1805年，英国物理学家托马斯·杨（T. Young）研究了界面上的润湿现象并提出了杨氏方程。1806年，法国数学家拉普拉斯（P. S. Laplace）用数学方法推导出弯曲液面两侧压力与曲率半径的关系，称之为拉普拉斯方程。1873年，范德瓦耳斯（J. D. van der Waals）第一次提出了范德瓦耳斯力这个概念，利用范德瓦耳斯力可以从微观角度更加完备地解释界面现象。

第一节　界面能与界面现象

一、界面现象的来源

在讨论界面现象之前，需要区分“本体”、“界面”和“表面”的概念。本体是指物质内远离界面的区域，界面则是无限靠近与其他物质接触的区域。与界面相比，表面规定在接触的两相中必须有一相是气相。气体的分子间距离较大，相互作用力较小；在真空情况下，分子间作用力完全消失。从后面的讨论中可知，分析表面现象是进一步分析界面现象的基础，可以将表面理解成一种特殊的“简单”的界面。

可以借助一个例子（见图5-1）来直观地认识表面现象。金属丝制成的U形框架，中间部分是液膜，右侧是一个长度为l的可自由滑动的金属丝。若不施加外力，液膜会自动收缩，使金属丝滑向左侧。若要保持金属丝平衡，必须对金属丝施加一个向右的外力$\boldsymbol{f}$。对应不同的金属丝长度l，所需施加的外力$\boldsymbol{f}$也不同。以液膜右边界为研究对象，向右的外力$\boldsymbol{f}$用于平衡一个来自液膜内部的力。这个存在于液膜内部且与界面长度有关的力称为表面张力。

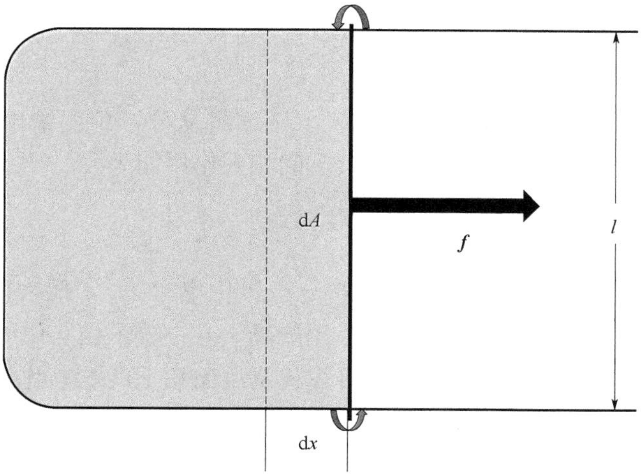

图 5-1　液膜实验示意图

下面从分子角度解释表面现象（见图 5-2）。对于某一种物质而言，在本体中的分子被同一物质的其他分子所围绕，受到来自各个方向的分子间作用力，并保持平衡状态。当产生新的表面时，表面一侧的分子将不再受移开部分给它施加的作用力，这使得表面处的分子与本体处的分子受力状态发生了改变。在这一过程中，需要外力克服分子间作用力做功，从而将一部分物质移走。换言之，本体中的分子需要打断与另一侧分子之间的分子键才能产生表面。定义**表面张力**（surface tension）γ 的计算式为

$$\delta W=\gamma \mathrm{d}A \tag{5-1}$$

式中 γ 的单位是 N/m，表示产生单位表面所需要做的功。与之相对比，力 $\boldsymbol{f}$ 的单位是 N，表示产生单位位移所做的功。

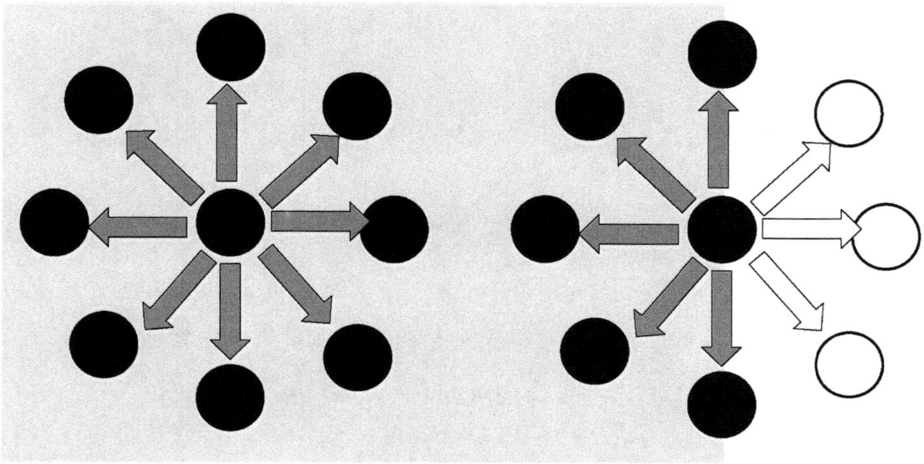

图 5-2　表面现象来源

二、界面张力

式(5-1) 给出了表面张力的热力学定义，下面将从分子角度给出表面张力的计算公式。假设两个分子之间的作用力为引力，分子间相互作用能为

$$u^{S}=-\frac{C}{r^{6}} \tag{5-2}$$

式中 C 是范德瓦耳斯分子对作用系数，它与分子极化率有关。r 代表两分子之间的距离。对于宏观的物体来说：物体系统的总相互作用能等于各个分子相互作用能的叠加。依据这个理论，若两半无限体之间的间隔为 d，那么其单位面积上的相互作用能 U^{S} 可由下式表示（推导过程见后）：

$$U^{S}=-\frac{A_{H}}{12\pi d^{2}} \tag{5-3}$$

式中哈梅克常数 $A_{H}=\pi^{2}Cc_{1}c_{2}$，c_{1}、c_{2} 为两个半无限体中的分子浓度。

推导过程

图 5-3(a) 中物质 1 为一单元体，厚度为 dX，截面积为 dA。物质 2 为半无限体，将其中的分子构成圆环半径为 R 的圆。

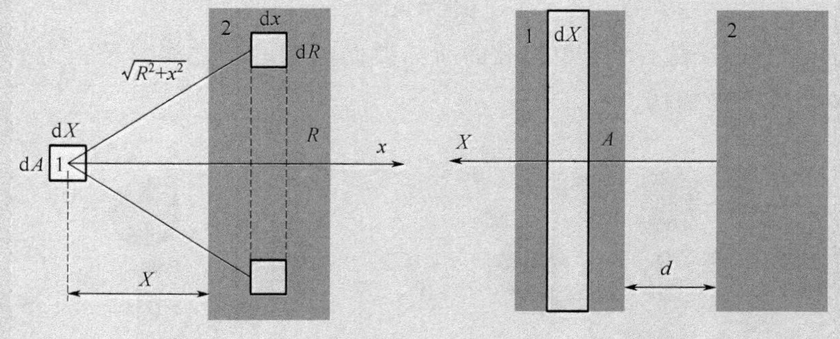

图 5-3 界面张力说明图

将两者间的距离 $r=\sqrt{x^{2}+R^{2}}$ 代入式(5-2) 中，并考虑单元体和半无限体中的分子浓度分别为 c_{1}、c_{2}，则单元和整个半无限体的相互作用能的计算式为

$$\begin{aligned}u_{12}^{S}\mathrm{d}X\mathrm{d}A &= u^{S}\times c_{1}\mathrm{d}X\mathrm{d}A\times c_{2}2\pi R\mathrm{d}R\mathrm{d}x\\ &=-2\pi c_{1}c_{2}\mathrm{d}X\mathrm{d}A\int_{X}^{\infty}\mathrm{d}x\int_{0}^{\infty}\frac{R\mathrm{d}R}{(x^{2}+R^{2})^{3}}\\ &=-\frac{\pi C}{6d^{3}}c_{1}c_{2}\mathrm{d}X\mathrm{d}A\end{aligned}$$

将物质 1 由单元体变为半无限体，如图 5-3(b) 所示，对 dX 进行积分，得到两个半无限体之间的相互作用能对应的计算式为

$$U^{S}dA=\int_{d}^{\infty}u_{12}^{S}(X)\,dXdA=-\frac{\pi C}{12d^{2}}c_{1}c_{2}dA \tag{5-4}$$

为了使式子更简洁，将哈梅克常数 $A_{H}=\pi^{2}Cc_{1}c_{2}$ 来代入式(5-4)，最终得到式(5-3)。

同种物质之间的相互作用能可以用 U_{11}^{S} 表示。如果将该物质沿某一界面分离，需要做功克服相互作用能。此时产生了两个相同的新表面，因此表面能的大小等于相互作用能的一半，有

$$\gamma_{1}=-\frac{U_{11}^{S}}{2} \tag{5-5}$$

进一步分析可知，两种不同物质之间界面张力 γ_{12} 的表达式为

$$\gamma_{12}=\gamma_{1}+\gamma_{2}+U_{12}^{S} \tag{5-6}$$

上式前两个正项解释了两种物质表面层的分子在形成表面层时相较于本体时获得的能量，与界面的进一步形成无关。最后一项解释了当两个表面结合在一起形成界面时表面层分子相互施加的吸引力。

三、润湿性、接触角和杨氏方程

当液滴滴在平整的固体表面时，会形成不同的物质界面（如固—气、固—液、气—液）。如图 5-4 所示，液滴在平整固体上可能出现多种不同的状态，为了解释出现该现象的原因，引入扩散系数的概念，其计算式为

$$SC=\gamma_{SG}-\gamma_{SL}-\gamma_{GL} \tag{5-7}$$

上式中下标 S，G，L 分别代表固相、气相和液相。可以看出，扩散系数代表固—气界面

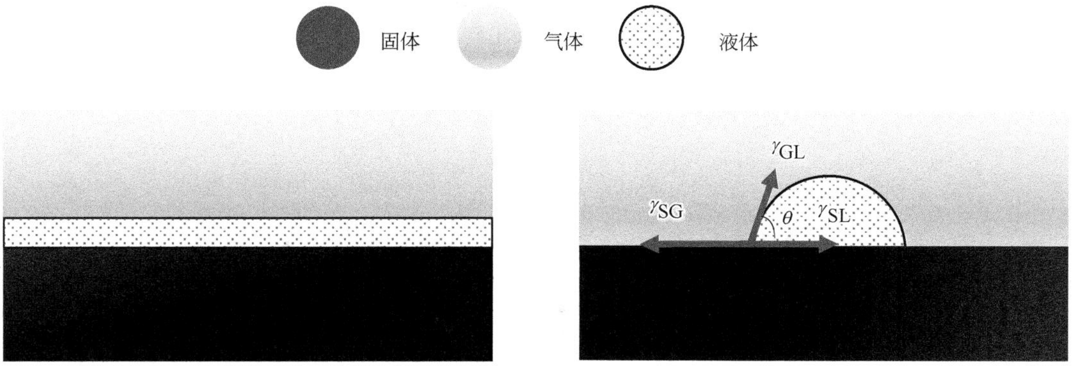

(a) $SC>0$(完全润湿)　　(b) $SC<0$(部分润湿)

图 5-4　完全润湿与部分润湿的界面表现

张力减去固—液、气—液界面张力。

当扩散系数为正值时，此时生成单位面积固一气界面所需要的能量是大于生成同样面积的液一固、气一液界面的。体系趋向于固体和气体不再接触，因此液面会完全散开，这种现象被称为完全润湿，如图 5-4(a) 所示。

当扩散系数为负时，如图 5-4(b) 所示，液面不会完全散开，这种现象被称为部分润湿。部分润湿情况下，三相交界处分别受到固—气、固—液、气—液三个表面张力的作用，当达到力学平衡时，有

$$\gamma_{SG}=\gamma_{SL}+\gamma_{GL}\cos\theta \tag{5-8}$$

上式即为**杨氏方程**（Young equation）。式中 θ 为**接触角**（contact angle）。当 θ 的取值范围在（$0,\pi/2$）时，液体为润湿相；当接触角 θ 的取值范围在（$\pi/2,\pi$）时，液体则为非润湿相。同样的，两种液体的相对润湿性也可以通过对比其与固体的润湿角大小来确定。

四、拉普拉斯方程

由上一节的讨论可知，由于接触角的原因，界面可能会呈现凹或者凸的弯曲形状。对于一个弯曲界面，由于表面张力的存在，会使界面两侧所受到的压强不相等（见图 5-5）。弯曲界面两侧的压强差与表面张力的关系式由以下**拉普拉斯方程**（Laplace equation）给出（推导过程见后）：

$$p_2-p_1=\gamma\left(\frac{1}{R_1}+\frac{1}{R_2}\right) \tag{5-9}$$

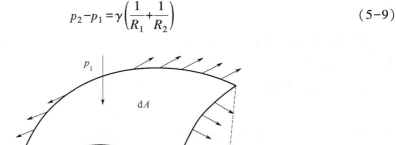

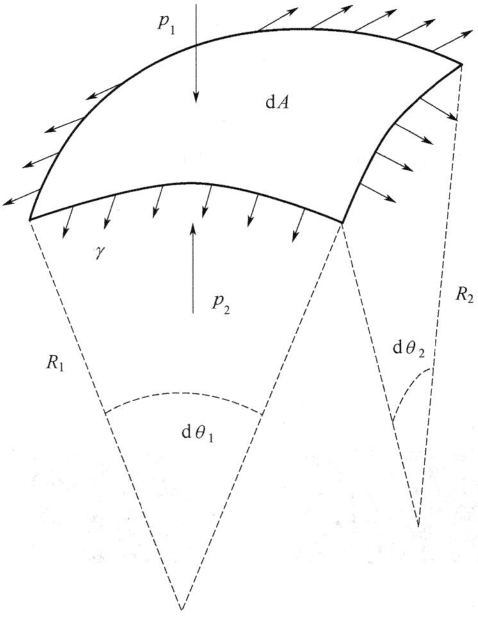

图 5-5　拉普拉斯方程

式中 R_1 和 R_2 为弯曲界面两个方向的曲率半径。

推导过程

在弯曲界面上取一微小单元，根据垂直方向力的平衡，有

$$(p_2-p_1)\mathrm{d}A=2\gamma R_1\mathrm{d}\theta_1\times\sin\frac{\mathrm{d}\theta_2}{2}+2\gamma R_2\mathrm{d}\theta_2\times\sin\frac{\mathrm{d}\theta_1}{2}$$

弯曲界面的投影面积 $\mathrm{d}A=R_1\mathrm{d}\theta_1\times R_2\mathrm{d}\theta_2$。由于所取微元的 $\mathrm{d}\theta$ 很小，可近似将 $\sin\theta$ 看做 θ，上式变为

$$(p_2-p_1)R_1\mathrm{d}\theta_1R_2\mathrm{d}\theta_2=2\gamma R_1\mathrm{d}\theta_1\times\frac{\mathrm{d}\theta_2}{2}+2\gamma R_2\mathrm{d}\theta_2\times\frac{\mathrm{d}\theta_1}{2}$$

通过移项整理，得到式(5-9)。

第二节　多孔介质中的毛细作用

一、孔隙流体侵入与界面能变化

杨氏方程和拉普拉斯公式结合起来可以解释生活中常见的毛细上升现象。如图 5-6 所示，将玻璃毛细管插入水中，管内水的液面会上升，液体上升高度与毛细管半径有关。

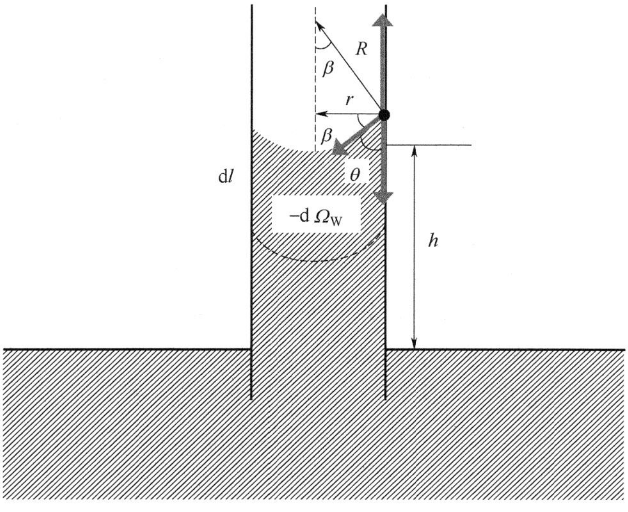

图 5-6　毛细上升现象

本节将给出这一现象的解释，并进一步阐述孔隙流体侵入与界面能变化之间的关系。

在毛细管中，流体的润湿性决定了弯液面凸面为非润湿相，凹面为润湿相（见图 5-6）。弯液面的曲率半径也与孔径存在关系。假设弯液面为球面，则 $R_1=R_2=R$，有

$$r=R\sin\beta=R\cos\theta$$

这时，拉普拉斯公式变为

$$p_{nW}-p_W=\frac{2\gamma_{nWW}\cos\theta}{r} \tag{5-10}$$

根据上式，可得到当液面在毛细管中上升并达到平衡时的高度：

$$h=\frac{2\gamma_{nWW}\cos\theta}{r\rho_W g} \tag{5-11}$$

式中 ρ_W 表示润湿相密度。尤林于 1718 年研究这种毛细管上升作用，故该式也被称为**尤林定律**（Jurin rule）。

一进步分析在毛细上升过程中涉及的能量平衡。考虑弯液面沿毛细孔壁移动了无穷小位移 dl。由于界面的移动，需要克服界面能，有

$$dU^S=(\gamma_{nWS}-\gamma_{WS})dA_{nWS}+\gamma_{nWW}dA_{nWW}$$

在毛细管半径固定时，$dA_{nWW}=0$，同时考虑杨氏方程及式(5-10)，可得

$$dU^S=2\gamma_{nWW}\cos\theta\pi r dl=\frac{2\gamma_{nWW}d\Omega_{nW}}{R}$$

将拉普拉斯公式代入上式，最终得到

$$dU^S=(p_{nW}-p_W)d\Omega_{nW} \tag{5-12}$$

上式表明了一个能量平衡关系：毛细上升过程中的弯液面两端压强差所做的功完全转化为了界面能。

二、毛细管压力曲线

将上一小节讨论的单一毛细管推广到多孔介质，继续讨论控制多孔介质内流体侵入、流出的规律。考虑孔隙中存在两种不相溶的流体，令 ϕ_{nW} 为非润湿相孔隙率，ϕ_W 为润湿相孔隙率，则

$$\phi_{nW}+\phi_W=\phi_0$$

式中 ϕ_0 是总（拉格朗日）孔隙率。先不考虑多孔介质的变形，因此 ϕ_0 保持不变。引入饱和度的概念：流体 J 的饱和度 S_J 为流体 J 体积占孔隙总体积的分数，有

$$\phi_{nW}=S_{nW}\phi_0;\phi_W=S_W\phi_0;S_{nW}+S_W=1$$

在等温且无变形的情况下，固体骨架自由能方程式(3-6) 可以写成

$$df^S=p_{nW}d\phi_{nW}+p_W d\phi_W$$

将上述两方程合并，有

$$df^S=-\phi_0(p_{nW}-p_W)dS_W$$

上式中固体骨架的自由能是排除了孔隙内流体 nW 和 W 后剩余的自由能。由于考虑了等温及无变形，该自由能只包含了固体基质和两种流体 nW 和 W 之间界面能。令 U^S 为单位孔隙体积的界面自由能，则有

$$f^S = \phi_0 U^S$$

将上述两方程联立，得

$$p_{cap} = -\frac{dU^S}{dS_W} \tag{5-13}$$

其中，定义**毛细管压力**（capillary pressure）的计算式为

$$p_{cap} = p_{nW} - p_W \tag{5-14}$$

根据上面的讨论，可以得出结论，孔隙流体的侵入、流出主要受界面能的控制。因此，需要引入一个新的状态函数一毛细管压力，毛细管压力是饱和度关于界面能的共轭参量。毛细管压力也是一种“广义力”，它表征了改变多孔介质饱和度所需要做的功。毛细管压力与饱和度之间的函数关系被称为**毛细管压力曲线**（capillary pressure curve）。图 5-7 给出了典型的毛细管压力曲线。

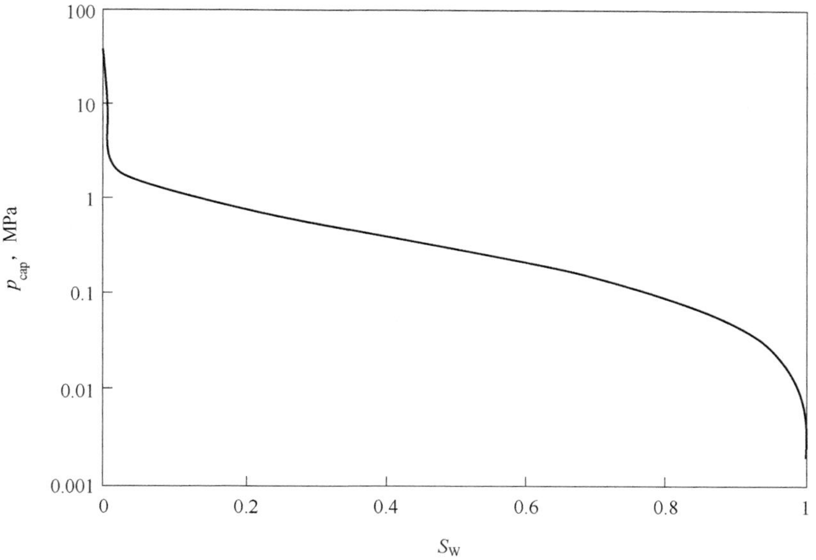

图 5-7 典型毛细管压力曲线

可以通过毛细上升现象进一步理解毛细管压力曲线。可以将多孔介质内的孔隙考虑成含有各种孔径的毛细管的集合。根据拉普拉斯方程，毛细管压力的大小与界面的曲率半径有关。当 p_{cap} 无穷大时，润湿相流体无法侵入任何毛细管内，其饱和度为 0。当毛细管压力减小时，润湿相流体会逐渐侵入孔隙中。根据式(5-10)，在某一毛细管压力下会存在一个特征孔径，此时孔径小于特征孔径的孔隙均被润湿相流体填充。相应地，润湿相饱和度即为孔径小于特征孔径的孔隙体积与孔隙总体积之比。当 p_{cap} 降为 0 时，特征孔径变为无穷大，即润湿相流体填满所有孔隙，$S_W = 1$。

第三节　不饱和多孔介质状态函数

一、变形描述

在饱和多孔弹性力学中，提出了拉格朗日孔隙率 ϕ 的概念来表征多孔介质孔隙的变形。对于不饱和多孔介质，其孔隙中会存在多相流体，每相流体占据一部分孔隙空间。显而易见，多孔介质的变形会引起各相孔隙流体体积的变化。然而，根据前面一节的讨论，在非变形情况下，各相孔隙流体的体积还可能在毛细管压力作用下通过侵入、流出而改变。本节将重点讨论如何区分这两种机理，进而合理地表述不饱和状态下多孔介质的变形。

与描述饱和多孔介质变形相似，设非饱和多孔介质变形前的初始拉格朗日孔隙率是 ϕ_0，变形之后的拉格朗日孔隙率是 ϕ。现假设孔隙内只存在两种流体，并分别用下标 J（$J=1,2$）来标注两种不同流体的相关性质，此时当前状态下的拉格朗日孔隙率 ϕ 可以分为两部分 ϕ_1 和 ϕ_2：

$$\phi_1+\phi_2=\phi$$

在上式中，ϕ_J 是 J 流体的拉格朗日孔隙率，流体 J 现在所占的体积为 $\phi_J\Omega_0$。在不变形情况下，$\phi_J\Omega_0$ 的变化仅与流体侵入或流出孔隙有关。而在变形情况下，$\phi_J\Omega_0$ 的变化是由两个因素共同控制（见图 5-8）：流体侵入或流出、孔隙变形。为了解耦这两个因素，引入**拉格朗日饱和度**（Lagrangian saturation）S_J 的概念，有

$$S_J=\frac{\Omega_J}{\Omega_0^{\mathrm{P}}}=\frac{\Omega_J}{\phi_0\Omega_0} \tag{5-15}$$

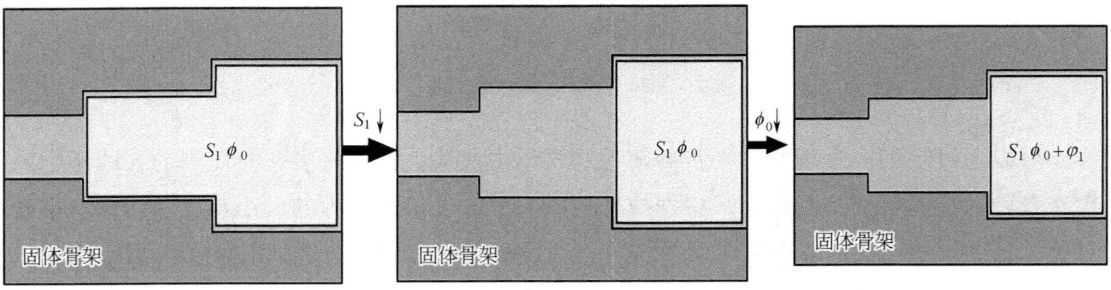

图 5-8　不饱和多孔介质各相流体体积变化

由上式可以看出，拉格朗日孔隙率是当前状态下的 J 流体体积与初始孔隙体积之比。与之相区别，常用饱和度的定义为当前形态下的流体体积与当前孔隙体积之比，称之为**欧**

拉饱和度（Euler saturation）。由于初始孔隙体积为常量，因此拉格朗日饱和度的变化只与流体的侵入、流出过程有关，与变形过程无关。因此，ϕ_J 可以被写成两部分：

$$\phi_J = S_J\phi_0 + \varphi_J ; S_1 + S_2 = 1 \tag{5-16}$$

上式中 φ 只与孔隙变形有关。将上式代入式(5-15) 中，可得

$$\varphi = \phi - \phi_0 = \varphi_1 + \varphi_2 \tag{5-17}$$

上式是饱和状态下多孔介质孔隙变形向不饱和状态的延伸。

事实上，当流体占据的孔隙不连通时，在式(5-16) 中，ϕ_J 只由流体 J 占据的孔隙的变形所控制。这是因为当孔隙无法流通时，就不会存在流体侵入或流出的过程，所以 S_J 是保持不变的，即 $\mathrm{d}S_J = 0$。代入式(5-16) 中，可以发现部分拉格朗日孔隙率 ϕ_J 的变化仅与孔隙的变形程度有关，即 $\mathrm{d}\phi_J = \mathrm{d}\varphi_J$。

二、不饱和多孔介质热力学基本关系式

由饱和状态下的多孔介质固体骨架自由能表达式，可以写出不饱和状态下的多孔介质固体骨架自由能方程：

$$\mathrm{d}f^{\mathrm{S}} = \sigma\mathrm{d}\epsilon + p_{\mathrm{nW}}\mathrm{d}\phi_{\mathrm{nW}} + p_{\mathrm{W}}\mathrm{d}\phi_{\mathrm{W}} + s_{ij}\mathrm{d}e_{ij}$$

将式(5-16) 代入上式，得到

$$\mathrm{d}f^{\mathrm{S}} = \sigma\mathrm{d}\epsilon + p_{\mathrm{nW}}\mathrm{d}\varphi_{\mathrm{nW}} + p_{\mathrm{W}}\mathrm{d}\varphi_{\mathrm{W}} + s_{ij}\mathrm{d}e_{ij} - \phi_0(p_{\mathrm{nW}} - p_{\mathrm{W}})\mathrm{d}S_{\mathrm{W}}$$

上式表明，f^{S}是关于 ϵ、φ_{nW}、φ_{W}、e_{ij} 和 S_{W} 的函数。按照能量属性，f^{S}可以分成两个部分。上式等号右边的前四项涉及应变能 $f^{\mathrm{S}*}$；上式等号右边的最后一项与式(5-13) 相同，因此涉及的是界面能 U^{S}。由于引入了拉格朗日饱和度，多孔介质的变形与饱和度无关。同时，在大部分情况下都可以认为变形对流体侵入、流出过程的影响可以忽略不计。因此，可以将上式解耦：

$$f^{\mathrm{S}} = f^{\mathrm{S}*}(\epsilon, \varphi_{\mathrm{nW}}, \varphi_{\mathrm{W}}, e_{ij}) + \phi_0 U^{\mathrm{S}}(S_{\mathrm{W}}) \tag{5-18}$$

上式将应变能和界面能涉及的过程分开考虑。非饱和多孔介质内孔隙流体的侵入、流出过程受界面能控制，其状态函数称为毛细管压力曲线，已由上一节中式(5-13) 给出。而对于应变能来说，与饱和多孔介质相似，可通过本构方程来进行描述。

第四节　不饱和多孔弹性本构方程

参照饱和多孔弹性，对不饱和多孔弹性介质应变能表达式 $f^{\mathrm{S}*}$ 进行勒让德变换：

$$\mathrm{d}\eta^{\mathrm{S}} = \sigma\mathrm{d}\epsilon - \varphi_{\mathrm{nW}}\mathrm{d}p_{\mathrm{nW}} - \varphi_{\mathrm{W}}\mathrm{d}p_{\mathrm{W}} + s_{ij}\mathrm{d}e_{ij}$$

由此得到状态方程

$$\sigma=\frac{\partial\eta^{S}}{\partial\epsilon}$$

$$\varphi_{nW}=-\frac{\partial\eta^{S}}{\partial p_{nW}}$$

$$\varphi_{W}=-\frac{\partial\eta^{S}}{\partial p_{W}}$$

$$s_{ij}=\frac{\partial\eta^{S}}{\partial e_{ij}}$$

孔隙流体的润湿性只有在考虑侵入、流出过程时才会有影响。所以，为了表达简便，当研究一般的不饱和多孔弹性问题时，用角标 $J=1$ 或 2 来替代下标 nW 和 W，最终得到不饱和线性多孔弹性的本构方程：

$$d\sigma=Kd\epsilon-b_1dp_1-b_2dp_2 \tag{5-19a}$$

$$d\varphi_1=b_1d\epsilon+\frac{dp_1}{N_{11}}+\frac{dp_2}{N_{12}} \tag{5-19b}$$

$$d\varphi_2=b_2d\epsilon+\frac{dp_1}{N_{12}}+\frac{dp_2}{N_{22}} \tag{5-19c}$$

$$ds_{ij}=2Gde_{ij} \tag{5-19d}$$

式中，b_J 代表流体 J 的比奥系数，其细观力学表达式为（推导过程见后）：

$$b_J=bS_J \tag{5-20}$$

推导过程

在孔隙体积均匀变形的条件下，有

$$p_1=p_2=p;\frac{\varphi_1}{\phi_0S_1}=\frac{\varphi_2}{\phi_0S_2}$$

将上式代入式(5-20) 中可以得到

$$\frac{b_1}{S_1}=\frac{b_2}{S_2}$$

由于 $p_1=p_2=p$，式(5-20) 可变为

$$\sigma=K\epsilon-bp$$

对比饱和多孔介质本构方程，即得

$$b=b_1+b_2$$

将 $b_1/S_1=b_2/S_2$ 代入上式，即得式(5-21)。

N 代表比奥模量，其细观力学表达式为（推导过程见后）

$$\frac{1}{N_{JJ}}+\frac{1}{N_{12}}=\frac{b_J-\phi_0S_J}{K_S} \tag{5-21}$$

推导过程

当忽略孔隙内流体与多孔介质孔壁的界面能时，传递到流体 J 所经过的孔隙内壁的压力为 p_J。考虑以下加载条件：

$$\sigma=-p;p_1=p_2=p$$

将上述两个方程联立，可得

$$\sigma_S=-p$$

多孔固体基质的体积应变 ϵ_S 的计算式为

$$\epsilon_S=\frac{-p}{K_S}$$

在实验当中，多孔固体在边界上施加了统一的边界条件 p。在均匀变形下，固体基质和孔隙的变形方式相同，有

$$\epsilon=\frac{\varphi_J}{\phi_0 S_J}=\epsilon_S=\frac{-p}{K_S}$$

将上式代入式(5-20) 中，即可以得到式(5-21)。

从式(5-20) 中可以看出，多孔介质的变形与应力及孔压均有关。在对饱和多孔介质弹性的讨论过程中，引入有效应力来作为控制多孔介质变形的参量。相似的，非饱和多孔介质弹性的有效应力原理对应的计算式可以写作

$$\sigma'=\sigma+b_1p_1+b_2p_2 \tag{5-22}$$

当考虑温度对不饱和多孔介质的影响时，类似饱和热多孔弹性本构方程，仅需在式(5-20) 中增加热膨胀项，有

$$\mathrm{d}\sigma=K\mathrm{d}\epsilon-b_1\mathrm{d}p_1-b_2\mathrm{d}p_2-3\alpha K\mathrm{d}T \tag{5-23a}$$

$$\mathrm{d}\varphi_1=b_1\mathrm{d}\epsilon+\frac{\mathrm{d}p_1}{N_{11}}+\frac{\mathrm{d}p_2}{N_{12}}-3\alpha_{\varphi_1}\mathrm{d}T \tag{5-23b}$$

$$\mathrm{d}\varphi_2=b_2\mathrm{d}\epsilon+\frac{\mathrm{d}p_1}{N_{12}}+\frac{\mathrm{d}p_2}{N_{22}}-3\alpha_{\varphi_2}\mathrm{d}T \tag{5-23c}$$

式中，α_{φ_J} 为各流体的热膨胀系数，且满足

$$\alpha_{\varphi_J}=\alpha_S(b_J-\phi_0 S_J) \tag{5-24}$$

第六章　多孔介质相变

第一章热力学基础明确了相的概念。在一定温度和压强条件下，不同相态之间的物理转化过程称为**相变**（phase transition）。例如，在大气压下，冰会在0℃融化成水就是一个相变过程。这一温度也被用于制定相对温度标度的参考值。但是，这一纯经验的温标是在大气压下测得的，忽略了温度以外的因素对相变的影响。直到 1849 年，汤姆森（J. Thomson）预测，当施加压力时，冰的熔点会降低。这一推测最终由法拉第（M. Faraday）通过实验得到证实。1876—1878 年间，吉布斯（J. W. Gibbs）在其开创性的论文"*On the equilibrium of heterogeneous substances*"中引入了化学势、相律等概念，从而系统地建立了相变的热力学基础。

第一节　相变基本概念

蒸发、融化、由石墨向钻石转变，这些自然界常见的过程都是相变过程。在相变过程中，只涉及分子聚集状态的变化，并不涉及化学组分的变化。物质一般可以分为固、液、气三种相态。物质由气态变为液态的过程称为凝结，由液态变为气态的过程称为汽化。汽化有蒸发和沸腾两种形式。蒸发只在液体表面发生，而沸腾是在液体表面和内部同时进行的剧烈汽化过程。物质由液相转化成固相的过程称为凝固，由固相转化成液相的过程称为熔化。物质由气相不经过液相直接转化成固体称为凝华，由固相不经过液相直接转化成气相称为升华。

相变都发生在一定的温度和压强条件下。例如，在大气压 1atm 下，低于 0℃时冰是稳定的相态，而高于 0℃时液态水更稳定。根据第一章热力学的内容，系统在定温、定压条件下自发向吉布斯自由能减小的方向进行。因此，本章主要从热力学的角度，采用吉布斯自由能对相变过程进行分析讨论。

一、相图

描述物质相变最简单直观的方法之一就是**相图**（phase diagram），它描述了物质各相稳定时的压强和温度区域（图 6-1）。这些区域的分界线为相边界，物质在相边界的温度、压强条件下，两相同时存在。在某些条件下，物质可以气、液、固三相共存，这时的温度、压强点称为三相点。在相图中，三相点是三条相边界的交点。不同物质具有不同的三相点，例如，二氧化碳的三相点是-57℃、518kPa，而水的三相点是 0℃、0.6kPa。

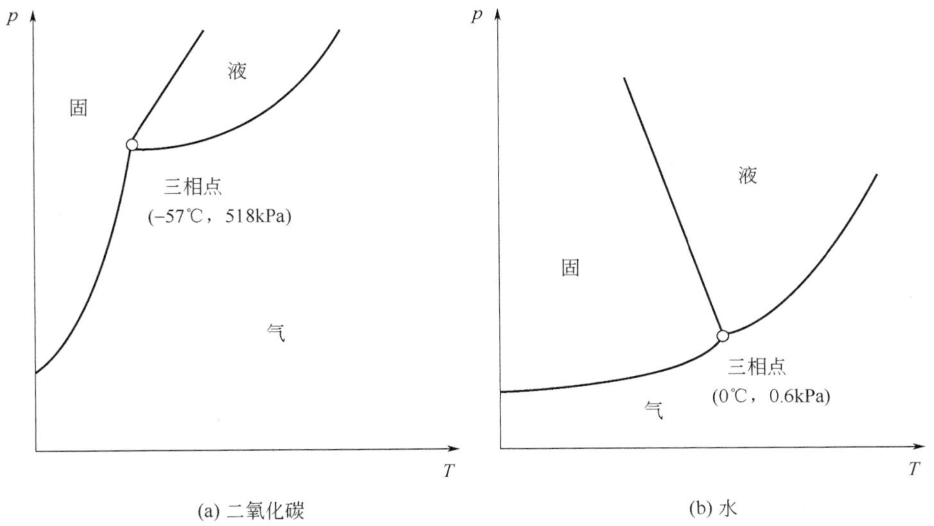

图 6-1　二氧化碳与水的相图

气相和液相平衡时气相的压强称为**蒸气压**（vapour pressure），又称饱和蒸气压。因此，气液的相边界即可看作蒸气压随温度的变化曲线。同样对于气液相变，在一定压强下，液相发生沸腾时的温度称为**沸点**（boiling temperature）。沸点也可以理解为液体的压强（即所受的外压）等于蒸气压时的温度。需要注意的是，沸腾只能发生在允许气体自由溢出的敞口容器中。在密闭容器内发生汽化时，随着气相物质的增加，气相的压强及密度会不断增加，而液相密度会小幅减小。这一过程进行到一定程度时，气相的密度会等于液相的密度，气相和液相之间的界面会消失。达到这种状态时的温度和压强称为临界温度和临界压强。在临界温度之上，液相和气相都不再存在，而是以**超临界流体**（supercritical fluid）存在。一种物质的固相向液相转变的温度称为**熔点**（melting temperature）。由于同一种物质融化和凝固时的温度相同，因此其凝固点就等于熔点。

接下来将以二氧化碳和水为例，对相图做进一步介绍。二氧化碳的相图如图 6-1(a) 所示，整个液相区域均高于三相点，而三相点所对应的压强大于 1atm（标准大气压），所以液态二氧化碳在常压下不可能存在。在三相点之下，当温度升高时，固相二氧化碳只会升华成气体，因此固相二氧化碳又名“干冰”。与大多数物质相同，二氧化碳的固—液的边界线斜率为正，这表明二氧化碳的熔点随压强的增加而升高。

图 6-1(b) 为水的相图，对比二氧化碳的相图，水的固—液相边界线与大多数物质明显不同，其斜率为负。这意味着水的熔点随压强的升高而降低，即压强的升高有利于水从固态向液态转变。但这条边界线斜率较大，表示需要极大压强才能明显改变水的熔点。

这种特性与其融化时体积缩小（热缩冷涨）有关，具体解释将在下一节中给出。

二、化学势与相变

相图直接反映了物质相态之间转变的温度和压强特征，而这些特征可以用化学势来解释。根据第一章的讨论，在一定的温度和压强条件下，物质会从化学势大的一相自发向化学势小的一相转变，这符合热力学第二定律。当两相达到相平衡条件时，有

$$\mu_1=\mu_2$$

下面针对温度和压强对两相稳定的影响进行讨论。

1. 温度对相稳定性的影响

定压条件下，式(1-42) 变为

$$\left(\frac{\partial\mu}{\partial T}\right)_p=-S_{\mathrm{m}}$$

对于所有物质 $S_{\mathrm{m}}>0$，因此纯物质的化学势随温度的升高而降低，其变化的速率取决于物质的摩尔熵值。熵表征物质的混乱程度，因此一般情况下，气相的摩尔熵>液相的摩尔熵>固相的摩尔熵。熔点温度 T_{f} 和沸点 T_{b} 温度分别是两相化学势相等的点。如图 6-2 所示，当温度小于 T_{f} 时，固相的化学势最低，所以最稳定。当温度超过 T_{f} 时，由于液相曲线的斜率大于固相，液相化学势下降至固相化学势之下（T_{f} 和 T_{b} 之间），此时液相变成稳定的一相，固相会熔化成液相。同理，也可以通过图 6-2 确定气—液相变的沸点温度。

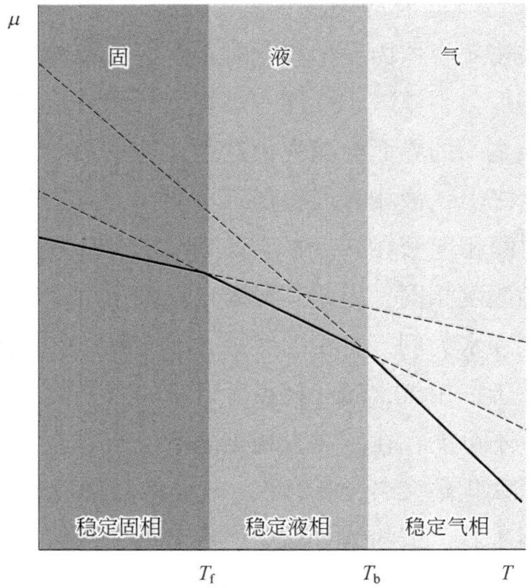

图 6-2　温度对化学势的影响

2. 压强对相稳定性的影响

在定温条件下，式(1-42) 变为

$$\left(\frac{\partial\mu}{\partial p}\right)_T = V_m$$

由于物质的摩尔体积恒为正，纯物质化学势将随所受压强的增加而变大。一般液体摩尔体积大于固体（$V_{m,L}>V_{m,S}$）。压强的升高使得气液固三相化学势增大，但固相增加的幅度小于液相和气相。压强小于 p_f 时，气相的化学势最低最稳定，而当压强超过 p_b 时，固相相较于其他两相更稳定。

第二节　无约束相变

在了解相变的基本概念之后，本节将对无约束条件下的相变规律进行讨论，为下节讨论多孔介质内（即约束条件下）的相变过程打好基础。

一、相边界方程

根据前文的讨论，我们可以根据相平衡的化学势判据确定两相共存时的压力和温度，即相边界的位置。在相边界上，两相的化学势始终保持平衡。考虑相 1 和相 2，根据式(1-42)：

$$-S_{m,1}dT+V_{m,1}dp_1=-S_{m,2}dT+V_{m,2}dp_2 \tag{6-1}$$

假设 $p_1=p_2$，将上式变换后，即得到**克拉珀龙方程**（Clapeyron equation）：

$$\frac{dp}{dT}=\frac{\Delta_{trs}S}{\Delta_{trs}V}=\frac{\Delta_{trs}H}{T\Delta_{trs}V} \tag{6-2}$$

式中 $\Delta_{trs}S$ 和 $\Delta_{trs}V$ 分别是两相熵和体积的差值。物质的熵一般通过定压条件下的焓值测量，因此上式也常用 $\Delta_{trs}H$ 表示。

克拉珀龙方程是相边界斜率的精确表达式，适用于纯物质任何相的平衡。可以利用热力学的相关参量确定出物质的相边界，进而勾勒出相图。接下来，对液—固和气—液两种相变进行具体分析。

二、液—固相变

1. 汤姆森方程

考虑固相 S 熔化为液相 L 的情况。在某一初始压强时 $p_{S0}=p_{L0}=p_0$，熔点温度为 T_{f0}。

当固相、液相压强变为 p_S、p_L 时，我们求解其对应的熔点温度 T_f。对式(6-1) 两端分别对温度和压强进行积分，得到：

$$p_S - p_L + (p_L - p_0)\left(1 - \frac{V_{m,L}}{V_{m,S}}\right) = (T_{f0} - T_f)\Delta_{fus}S \tag{6-3}$$

式中 $\Delta_{fus}S = (S_{m,L} - S_{m,S})/V_{m,S}$ 表示单位体积的熔化熵。当考虑 $p_S = p_L$ 时，上式中 p_L 和 T_{f0} 呈线性关系，因此在相图中液—固相边界是通常是一条很陡的直线，见图 6-1。

上式最早是由英国科学家汤姆森提出的，因此被**汤姆森方程**（Thomson's equation）。一般情况下，液相的熵大于固相的熵（$\Delta_{fus}S>0$），液相的摩尔体积也大于固相的摩尔体积，所以一般物质的熔点随着压强的增加而增加，见图 6-1(a)。然而水的摩尔体积小于冰的摩尔体积，因此其熔点会随着压强的增大而变小，见图 6-1(b)。

2. 溶质的影响

汤姆森方程描述了纯物质的液固相变规律。对多组分系统，根据第一章的内容，溶质（B）的加入会降低溶剂（A）的化学势。如图 6-3 所示，溶剂化学势的降低导致液—固平衡发生在更低的温度下，即熔点降低。接下来，我们进行定量分析。根据式(1-46)，对于溶液而言其液—固相平衡的条件为

$$\mu_{S,A}{}^* = \mu_{L,A}{}^* + RT\ln x_A$$

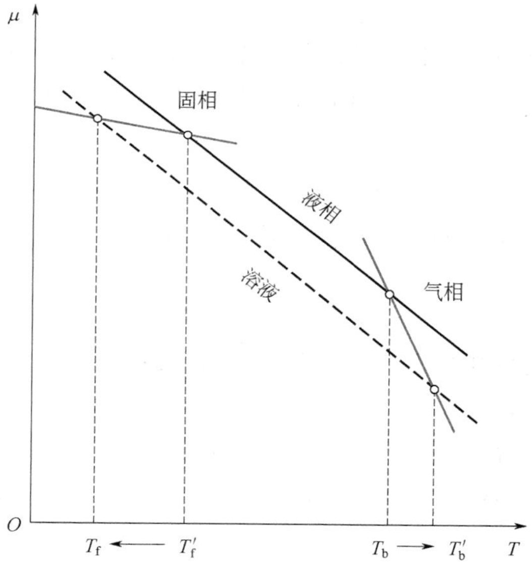

图 6-3　溶质存在时对溶剂化学势的影响

溶剂化学势的降低将使凝固点降低 ΔT（推导过程见后），有

$$\Delta T = \frac{RT^2}{\Delta_{fus}H} x_B \tag{6-4}$$

式中 $\Delta_{fus}H$ 是物质 A 的熔化焓。

上式表明，溶质的加入会使溶质的熔点降低，降低幅度与溶质本身的特性无关，只与它的摩尔分数有关。因此，熔点降低是一种依数现象。上式可以解释在寒冷地区下过雪后常常在路上撒盐的原因。撒盐后，雪的熔点降低，更有助于雪的融化。

推导过程

对式(6-4)进行变换，得

$$\ln x_A = \frac{\mu^*_{S,A} - \mu^*_{L,A}}{RT} = \frac{\Delta_{fus} G}{RT}$$

式中 $\Delta_{fus}G$ 代表纯溶剂 A 蒸发时的吉布斯自由能改变量，将吉布斯—亥姆霍兹方程式(1-32)，即 $\partial(G/T)/\partial T)_P = -H/T^2$ 代入，得

$$\frac{d\ln x_A}{dT} = \frac{1}{R}\frac{d(\Delta_{fus} G/T)}{dT} = -\frac{\Delta_{fus} H}{RT^2}$$

分别对 T 和 x_A 进行积分，从纯溶剂（$x_A=1$，对应 $\ln x_A=0$）的沸点温度 T^* 积分至溶液 x_A 的沸点温度 T，有

$$\int_0^{\ln x_A} d\ln x_A = -\frac{1}{R}\int_{T^*}^{T} \frac{\Delta_{vap} H}{T^2} dT$$

对于上式左边 $x_A = 1 - x_B$；同时假设在温度变化范围较小时物质 A 的熔化焓 $\Delta_{fus}H$ 为常数，等式右边仅对温度积分，得

$$\ln(1 - x_B) = \frac{\Delta_{fus} H}{R}\left(\frac{1}{T} - \frac{1}{T^*}\right)$$

假设 $x_B \ll 1$，则 $\ln(1-x_B) = x_B$，同时因为 $T \approx T^*$，最终得

$$x_B = \frac{\Delta_{vap} H}{R}\left(\frac{T - T^*}{TT^*}\right) \approx \frac{\Delta_{fus} H}{R}\frac{\Delta T}{T^2}$$

三、气—液相变

1. 克拉珀龙—克劳修斯方程

液相和固相的压缩性都很小，因此在推导液—固相变的汤姆森方程式(6-3)时 V_m 被认为是常数，不随压强变化。然而，气体的压缩性很强，V_m 随压强变化明显，因此可以预见气—液相边界与液—固相边界有很大不同。对于气—液相平衡，克拉珀龙方程写为

$$\frac{dp}{dT} = \frac{\Delta_{vap} H}{T\Delta_{vap} V}$$

液相汽化时体积增加很多，即 $\Delta_{vap}V$ 为正且数值很大。因此，dp/dT 斜率为正，但比液一固相边界小很多（图 6-1）。

将理想气体状态方程式(1-2) 代入上式，得到描述相平衡另一个重要的公式，即**克拉珀龙一克劳修斯方程**（Clapeyron-Clausius equation）：

$$\frac{d(\ln p)}{dT}=\frac{\Delta_{vap}H}{RT^2} \tag{6-5}$$

从克拉珀龙—克劳修斯方程可以看出，由于气体的压缩性，气—液相边界将不再是一条直线（图 6-1）。

2. 溶质的影响

克拉珀龙—克劳修斯方程可以确定纯物质的气—液相边界。但对于溶液而言，溶质浓度会改变溶剂的化学势。对于溶液而言，其气—液相平衡的条件为

$$\mu^*_{A,G}=\mu^*_{A,L}+RT\ln x_A$$

类比于式(6-4)，可以得到溶质浓度对凝固点温度的改变量的计算式为

$$\Delta T=\frac{RT^2}{\Delta_{vap}H}x_B \tag{6-6}$$

式中 $\Delta_{vap}H$ 是物质 A 的气化焓。上式表明溶质的加入会使溶液的凝固点温度上升（图 6-3）。

3. 开尔文方程

溶质浓度会影响凝固点温度，流体受到的压强也会影响气—液相平衡点。举一个例子来说明研究流体压强影响的意义。在推导克拉珀龙—克劳修斯方程时，假设 $p_L=p_G$，这一假设意指气相为纯物质。然而，在自然界中水蒸发时，流体受到的压强为大气压 1atm。然而大气中主要成分为氮气和氧气，水蒸气分压很小。相平衡条件要求水蒸气与液相水的化学势相等，这时 p_L 远大于 p_G，因此其饱和蒸气压也会发生变化。

假设在某一温度下，初始饱和蒸气压为 p_0。在恒温条件下，克拉珀龙方程变为

$$V_{m,G}dp_G=V_{m,L}dp_L$$

通常情况下，压强对水的体积影响不大，可以认为水的摩尔体积 $V_{m,L}$ 是恒定的。将理想气体方程式(1-2) 代入上式，并对式两端进行积分，得到**开尔文方程**（Kelvin equation）：

$$p_L-p_0=\frac{RT}{V_{m,L}}\ln\frac{p_G}{p_0} \tag{6-7}$$

当液相为水时，常定义 p_G/p_0 的比值为**相对湿度**（relative humidity），其计算式为

$$h_R=\frac{p_G}{p_0} \tag{6-8}$$

因此，开尔文方程可以写成更被熟知的形式：

$$p_L-p_0=\frac{RT}{V_{m,L}}\ln h_R \tag{6-9}$$

开尔文方程表明，当液相所受压强增加时，饱和蒸气压（或沸点）会增加。在生活

中常见的高压锅正是利用了这个原理。高压锅是一个十分密闭的容器，使水蒸发产生的水蒸气不能扩散，只能聚集在锅内，使锅内的压强高于 1atm。因此，水要超过 100℃ 才能沸腾，造成锅内高温高压的环境，更快地煮熟食物。与之相反的，在高原、高山地区，由于气压低于 1atm，水在低于 100℃ 即可沸腾。

四、相变与成核

在前面的叙述中，我们已知物质两相间的热力学平衡规律是通过化学势来表征的，这些规律主要关注的是相本身能量的变化，并没有考虑界面效应。然而在实际相变过程中，在母相与子相之间，或是子相与固体基质之间会产生新的界面。根据第五章中的讨论，新界面的形成需要消耗能量，这将不利于相变的进行。本节将分析与新界面形成相关的界面能如何影响相变。

在讨论相变与界面能之间关系之前，先引入过饱和度的概念。化学势平衡使同一物质的两相 1 相和 2 相共存成为可能。然而实际中，1 相可以在比 2 相具有更大化学势的情况下存在，这时称 1 相处于平衡亚稳态。如果 1 相为气相而 2 相为液相，则蒸汽被描述为过饱和。在相反的情况下，液相被描述为过热。如果 1 相为液相，2 相为固相，则液相被描述为过冷。采用过饱和度的概念来量化亚稳态的程度。定义具有高熵值的一相为母相，用下标 1 来指代；相反，子相被定义为具有低熵值的相，用下标 2 来指代。在相同的温度 T 和母相压力 p_1 下，**过饱和度**（supersaturaiton）被定义为子相和母相的化学势之差，对应的计算式为

$$\Delta\mu(p_1,T)=\mu_2(p_1,T)-\mu_1(p_1,T) \tag{6-10}$$

根据上述定义，过饱和度为负：母相要么处于亚稳态，要么处于不稳定状态，因此它可以转变为子相。过饱和度可以看成是母相转变成子相的驱动力的大小，$\Delta\mu$ 越小，相变驱动力越大。

1. 均匀成核

在一种相中产生新的相界面需要提供形成界面所需的界面能，这种现象被称为**成核**（nucleation）。成核可以分为均匀成核与非均匀成核两种。最典型的成核现象就是在母相 1 内相变形成子相 2 的核，而其中相变的驱动力即为两相间的过饱和度 $\Delta\mu$。当过饱和度为正时，即 $\Delta\mu>0$，母相的能量更低所以更稳定，成核过程被抑制。而当过饱和度为负时，即 $\Delta\mu<0$，过饱和度变成负值，这将有利于晶核的形成。无论是均匀成核还是非均匀成核，驱动力 $\Delta\mu<0$ 必须要克服界面能量势垒才能促使成核的发生。

在一定温度、压力条件下，当存在某一相（子相 2）的化学势比当前相（母相 1）低时，会发生相变。相变由母相 1 内子相 2 的核的形成触发。母相 1 最初是均质的，相变使母相 1 中出现了 1—2 相的界面，因此需要克服界面能。因此，在成核过程中能量的变化涉及两部分贡献：体积贡献和界面贡献。体积贡献来自过饱和度，根据式(6-10)，相变

需要过饱和度 $\Delta\mu$ 为负，因此体积贡献项是相变成核的驱动力。界面贡献来自界面能，由于界面能是正，因此界面贡献项是成核的“阻力”。均匀成核时核均为球形（图 6-4），这是因为相同体积的物体中球的表面积最小，成核所需的界面能成本最小。成核过程中能量平衡方程可以表示为

$$\Delta G=\frac{4\pi R^3}{3V_{2,m}}\Delta\mu+4\pi R^2\gamma_{12} \tag{6-11}$$

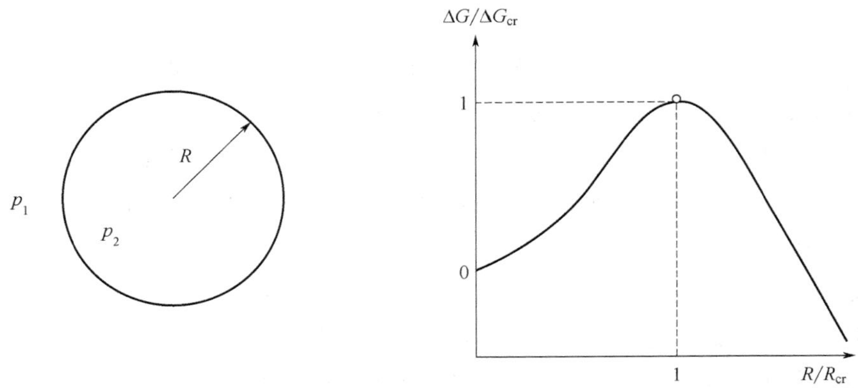

图 6-4　均匀成核

上式右侧第一项表示在母相中形成半径为 R 的球形核（包含 $4\pi R^3/3V_{2,m}$mol 子相分子）对应的自由能变化，在相变成核时该项一般为负；右侧第二项表示产生面积为 $4\pi R^2$ 大小的两相界面所需的表面自由能，在成核时该项一般为正。上式是一个关于 R 的三次函数，因此存在一个临界成核尺寸 $R_{cr}=-2\gamma_{12}V_{2,m}/\Delta\mu$，对应 ΔG_{cr} 的计算式为

$$\Delta G_{cr}=-\frac{2\pi R_{cr}^3}{3V_{2,m}}\Delta\mu=\frac{4\pi R_{cr}^2\gamma_{12}}{3}$$

如图 6.4 右例所示，R_{cr} 对应 ΔG 的最大值，因此是不稳定的。当成核尺寸小于临界尺寸时，核会趋向于消失以满足能量最小。当成核尺寸大于临界尺寸，核能迅速自发生长。

这一现象可以通过拉普拉斯方程，从力的平衡角度进行解释。考虑云的形成过程。温暖湿润的空气上升到高空。高空温度较低，饱和水蒸气压降低，因此空气中的水蒸气趋向于凝结成液体水。这一过程的最初步骤可以想象成一团水分子在空气中聚集成一个小水滴。水滴初始尺寸很小、曲率很大，因此水滴压强会远远大于空气压强以满足拉普拉斯方程。根据开尔文公式，液体压强的增加会使饱和蒸气压增加，因此水滴不会进一步增长而是会蒸发。这一抑制机理将会是水蒸气处于过饱和状态。

根据式(6-11)，可以通过两种途径突破这种抑制作用。第一，足够多的分子可能聚集成一个大的液滴（增大 R），这样可以使水滴压强增加幅度减小，从而抑制蒸发作用。第二，增大过饱和度从而减小临界尺寸的大小（减小 R_{cr}）。然而这些途径实现的机会很低，并不是实际降雨过程的主要机制。自然界的降雨更多依靠于微小灰尘颗粒或其他种类

异物的存在，通过非均匀成核实现。

2. 非均匀成核

根据前面的分析，能量壁垒 ΔG_{cr} 越低，子相越容易成核。根据式(6-11)，当过饱和强度增加时，ΔG_{cr} 会降低。例如，在给定的相对湿度 h_R 下，从含盐环境中形成咸水滴更容易。相反，在子相和母相之间创建新界面所需要的能量成本越大，阻止子相核形成的能量势垒就越大。因此，当该成本可以降低时，例如存在杂质或固体基质的情况下，将促进相变的自发成核。这种成核方式被称为非均匀成核。非均匀成核在生活中比较常见，典型的例子就是喷气飞机留下的尾气路径。这种路径是由固体颗粒和来自飞机排出气体中的水气形成的：额外的气相增加使得气相局部过饱和，同时固体颗粒的存在会引发冷凝现象。

如图 6-5 左所示，非均匀成核时，液滴在固体基质表面，符合杨氏方程式(5-8) $\gamma_{S1}=\gamma_{S2}+\gamma_{12}\cos\theta$。相应地，非均匀成核的能量势垒 ΔG_{cr}^{het} 的计算式为

$$\Delta G_{cr}^{het}=(\Omega_{cr}/V_2)\Delta\mu+\gamma_{12}A_{cr}^{12}+A_{cr}^{S2}(\gamma_{S2}-\gamma_{S1}) \tag{6-12}$$

式中，Ω_{cr} 是临界核的体积，A_{cr}^{12} 是临界核和母相 1 之间的界面面积，A_{cr}^{S2} 是临界核和基质之间的界面面积。

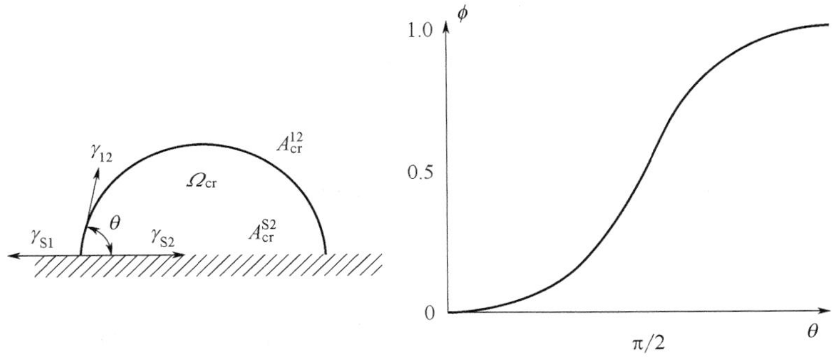

图 6-5　非均质成核

上式还可以写为 $\Delta G_{cr}^{het}=\phi_\theta\Delta G_{cr}$，其中 ΔG_{cr} 是均匀成核的临界能量势垒的大小，ϕ_θ 机与润湿角 θ 有关。由于 ϕ_θ 小于 1，相对于均匀成核，非均匀成核所需的能量总是更低(图 6-5)。在非润湿的情况下（当 $\theta=0$ 时）有 $\phi_\pi=1$，基质没有影响成核过程，这种特殊的非均匀成核现象就是均匀成核。在完全润湿的情况下（当 $\theta=0$ 时）有 $\phi_\pi=0$，成核所需的能量势垒为 0，当 $\Delta\mu<0$ 时相变随之发生，润湿子相在基质上生成并且厚度无限增加。

3. 液膜

考虑固体基质（S）存在的非成核情况。当相变涉及的一相为完全润湿（一般为液相 L）时，润湿相会以液膜的形式完全铺展开，将固体基质和非润湿相（J）完全隔开，进而组成一个三明治结构。根据杨氏方程，这时扩散系数为正，即

$$SC = \gamma_{SJ} - \gamma_{SL} - \gamma_{JL} > 0$$

当液膜的厚度 e 为 0 时，界面能即为 γ_{SJ}。当 e 足够大时，两个界面附近的分子间作用能剖面不重合，界面能等于 $\gamma_{SL}+\gamma_{JL}$。对于薄液膜，分子间作用能剖面重合，因此必须引入一个修正项 W。W 与液膜厚度 e 相关，且同时满足两种极端情况。这个三明治系统的界面能表达式为

$$U^{S} = \gamma_{SL} + \gamma_{JL} + W(e);W(0) = SC;W(\infty) = 0$$

比较式(6-11）并考虑上式，单位固体基质表面形成厚度为 e 的液膜时，自由能 $\Delta G(e)$ 为

$$\Delta G(e) = (e/V_{J,m})\Delta\mu + W(e) - SC \tag{6-13}$$

上式以液相 L 为子相。当相 J 过饱和时，$\Delta\mu<0$。同时，$W(e)-SC<0$。因此，上式等号右边为负，有利于形成水膜。由于随着 $\Delta G(e)$ 随厚度 e 的增加而减小，液膜厚度无限增加。这与前一小节的结论相一致。

当非润湿 J 相不饱和时，$\Delta\mu$ 为正值。由于 $W(e)-SC<0$，液膜仍然可以形成。但液层厚度 e 越大，上式右手边的第一项越不利于液层形成。在二者综合作用下，$\Delta G(e)$ 随着 e 先减小后增加，其中极小值点即对应稳定的液膜厚度。

综上所述，当液相完全润湿时，无论液相处于过饱和或非饱和状态，总会在固体基质表面形成一层液膜。在气—液相变时，会在气相和固体基质表面之间形成一层预凝结水膜，这种现象常被称为吸附。在液—固相变时，会在固相和基质表面之间形成一层预熔液膜。预熔液膜早在百年前就被发现，这也是我们能在冰面上滑行的原因。

第三节　多孔介质内的相变

前人通过实验发现，处于多孔介质中的水发生相变时的熔点要低于大气压下的熔点，即孔隙环境对物质相变具有一定影响。实际上，发生在多孔介质内的相变不仅与压强和温度有关，还受到毛管压力的影响，本节将针对这一影响下的相变过程具体分析。

考虑毛管压力的影响，我们将拉普拉斯方程式(5-10）代入开尔文方程式(6-7）中，可得到描述气—液相变的**开尔文—拉普拉斯方程**（Kelvin-Laplace equation）：

$$r = -\frac{2\gamma_{GL} V_{L} \cos\theta}{RT \ln h_{R}} \tag{6-14}$$

该方程表明，随着相对湿度的减小，孔隙水会蒸发，多孔介质会被干燥。孔隙越小，液相转化成气相的难度越大。因此，某一相对湿度值会对应一个特征孔径值，大于该孔径的孔隙水已蒸发，小于该孔径的孔隙还被水填满（图 6-6，其中 R 为孔隙半径，T 为温度，h_R 表示相对湿度）。

对于多孔介质内的液—固相变过程，考虑孔隙内液体与外界联通，有 $p_L = p_0$，结合式(6-3）和拉普拉斯方程，得到**吉布斯—汤姆森方程**（Gibbs-Thomson equation）：

$$r=\frac{2\gamma_{SL}\cos\theta}{\Delta S_m(T_{f0}-T_f)} \tag{6-15}$$

该方程表明，在多孔介质内发生液—固相变时，孔隙越小，其熔点越低。在 1nm 的孔隙中，水的相变温度甚至能达到−40℃以下。

对比开尔文—拉普拉斯方程和吉布斯—汤姆森方程，可以发现两者具有相似性。两个方程都描述了一个润湿相与非润湿想侵入、排出的过程，例如干燥对应了非润湿相气体的侵入，冷却对应了非润湿相固体的侵入。对于某一过饱和度条件下（干燥对应相对湿度，冷却对应温度），都存在一个特征孔径，小于特征孔径的孔隙填满润湿相，大于特征孔径的孔隙填满非润湿相。

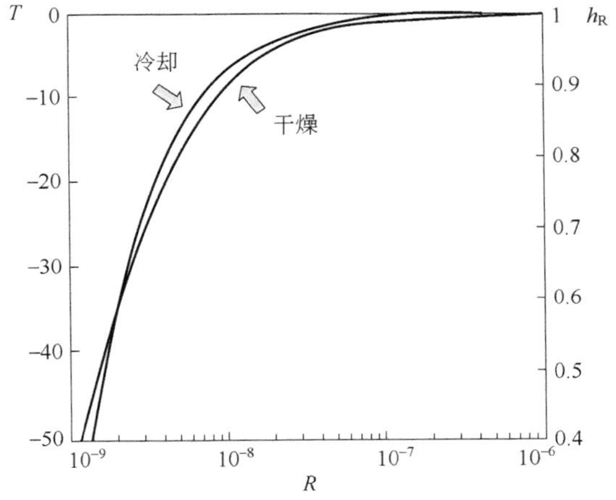

图 6-6　多孔介质孔径大小与相变点的关系

附录 A　本书所用物理量及符号

A	面积
a_i	加速度
b	比奥系数
C	热容
c	浓度
C_{ijkl}	刚度张量
D	扩散系数
E	杨氏模量
E_{ij}	格林—拉格朗日应变张量
e_{ij}	偏应变张量
F	亥姆霍兹自由能
f_i	力
f_i^{d}	体力密度
F_{ij}	变形梯度张量
G	吉布斯自由能
H	焓
$I_{1,2,3}$	应变张量不变量
$I'_{1,2,3}$	应力张量不变量
$J'_{1,2,3}$	偏应力张量不变量
J_i^{h}	热流量密度
J_i	摩尔通量
k	渗透率
k_{r}	相对渗透率
K	体积模量
m	质量
M	库西模量
n	物质的量
N	比奥模量
p	压强
p_{cap}	毛细管压力
Q	热量
q_i	渗流速度
R	理想气体常数
S	熵
s_J	欧拉饱和度
S_J	拉格朗日饱和度
s_{ij}	偏应力张量
S_{ijkl}	柔度张量
T	温度
t	时间
T_i	应力矢量
U	内能
u_i	位移
V	体积
w	应变能密度
W	功
x	摩尔分数
X_i	初始位置矢量
x_i	当前位置矢量
α	热膨胀系数
γ	表面张力

ϵ	体积应变	Π	渗透压
$\varepsilon_{1,2,3}$	主应变	ρ	密度
λ	拉梅系数	σ	平均应力
μ	化学势	$\sigma_{1,2,3}$	主应力
μ_β	动力黏度	σ_{ij}	柯西应力张量
ν	泊松比		

附录 B　张量分析

在本书中，对于物理量及物理定律的描述优先采用张量符号，主要是因其具有简洁的优点，可以将重点放在物理原理上而不是数学表达式本身。张量是一个十分重要的数学工具，它不仅可以满足所有物理定律的重要特性，即坐标不变性，还能使物理规律的形式变得简洁和统一。本附录将简略地介绍张量分析的基本知识，包括张量的定义、表示方法以及相关的运算。

一、求和约定

在表达式或方程组中，定义两类指标：**哑标**（dummy index）和**自由指标**（free index）。在一个方程或者表达式的一项中成对出现（即重复出现两次）的指标，称为哑标。哑标定义了一种运算法则，即将该项在该指标的取值范围内遍历求和，但省略求和符号Σ。这种运算法则被称为**爱因斯坦求和约定**（Einstein summation convention）。如果在一个方程或者表达式的一项中，一种指标只出现一次，则称之为自由指标。在本书中，指标 i 取值范围为 $i=1$，2，3，表示空间维数为 3。

采用上述两类指标的概念，可以将方程组或者表达式写成紧凑的形式，例如方程组：

$$\begin{cases} a_{11}x_1+a_{12}x_2+a_{13}x_3=b_1 \\ a_{21}x_1+a_{22}x_2+a_{23}x_3=b_2 \\ a_{31}x_1+a_{32}x_2+a_{33}x_3=b_3 \end{cases} \tag{B-1}$$

使用求和约定进行缩写，可表示为：

$$\begin{cases} a_{1j}x_j=b_1 \\ a_{2j}x_j=b_2 \\ a_{3j}x_j=b_3 \end{cases} \tag{B-2}$$

使用自由指标将其缩写成最简形式：

$$a_{ij}x_j=b_i \tag{B-3}$$

在方程的每一项中，指标 i 只出现了一次，故指标 i 是自由指标，而 j 在同一项中出现了两次，故为哑标。可以发现，通过哑标可以将多个项缩成一项，通过自由指标可以把多个表达式缩写成一个表达式。在一个表达式或者方程的一项中，一个指标出现的次数不能多于两次。如 $u_i v_{ii}$，这样的表达式是错误的。

事实上，方程组（B-1）也常用矩阵表示为

$$\begin{bmatrix} a_{11} & a_{12} & a_{13} \\ a_{21} & a_{22} & a_{23} \\ a_{31} & a_{32} & a_{33} \end{bmatrix}\begin{bmatrix} x_1 \\ x_2 \\ x_3 \end{bmatrix}=\begin{bmatrix} b_1 \\ b_2 \\ b_3 \end{bmatrix} \tag{B-4}$$

显然，指标表达式(B-3）也适用上式中矩阵的运算，这对后面介绍张量的运算十分重要。

二、矢量

在引入张量概念前，先回顾矢量的概念及坐标变换关系。标量只含有一个分量，如温度 T，孔隙率 ϕ。在3维空间内，矢量有3个分量，如位置矢量 $\boldsymbol{x}$，力 $\boldsymbol{f}$。以力 $\boldsymbol{f}$ 为例，在笛卡尔坐标系 $Ox_1x_2x_3$ 中，矢量可以表示为

$$\boldsymbol{f}=f_1\boldsymbol{e}_1+f_2\boldsymbol{e}_2+f_3\boldsymbol{e}_3=f_i\boldsymbol{e}_i \tag{B-5}$$

上式中 $\{\boldsymbol{e}_1, \boldsymbol{e}_2, \boldsymbol{e}_3\}$ 为单位基矢量。

矢量也可以由三个分量组成的数组表示：

$$\boldsymbol{f}=(f_1 \quad f_2 \quad f_3)^{\mathrm{T}}=f_i \tag{B-6}$$

从几何意义上，同一矢量在不同坐标系下，所表达的大小和方向的性质是相同的。但从代数意义上，在不同坐标系下，$\boldsymbol{f}$ 的分量并不相同，这涉及坐标变换的问题。设原有坐标系 $Ox_1x_2x_3$ 变换成新坐标系 $Ox'_1x'_2x'_3$，新坐标系单位基矢量为$\{\boldsymbol{e}'_1, \boldsymbol{e}'_2, \boldsymbol{e}'_3\}$（图B-1）。两个坐标系的基矢量之间的变换关系是

$$\begin{bmatrix} \boldsymbol{e}'_1 \\ \boldsymbol{e}'_2 \\ \boldsymbol{e}'_3 \end{bmatrix}=\begin{bmatrix} C_{11} & C_{12} & C_{13} \\ C_{21} & C_{22} & C_{23} \\ C_{31} & C_{32} & C_{33} \end{bmatrix}\begin{bmatrix} \boldsymbol{e}_1 \\ \boldsymbol{e}_2 \\ \boldsymbol{e}_3 \end{bmatrix} \tag{B-7}$$

用指标表示，为

$$\boldsymbol{e}'_i=C_{ij}\boldsymbol{e}_j \tag{B-8}$$

其中，C_{ij} 是新坐标基矢量与旧坐标基矢量夹角的方向余弦，可通过下式计算：

$$\begin{bmatrix} C_{11} & C_{12} & C_{13} \\ C_{21} & C_{22} & C_{23} \\ C_{31} & C_{32} & C_{33} \end{bmatrix}=\begin{bmatrix} \cos(\boldsymbol{e}'_1,\boldsymbol{e}_1) & \cos(\boldsymbol{e}'_1,\boldsymbol{e}_2) & \cos(\boldsymbol{e}'_1,\boldsymbol{e}_3) \\ \cos(\boldsymbol{e}'_2,\boldsymbol{e}_1) & \cos(\boldsymbol{e}'_2,e_2) & \cos(\boldsymbol{e}'_2,\boldsymbol{e}_3) \\ \cos(\boldsymbol{e}'_3,\boldsymbol{e}_1) & \cos(\boldsymbol{e}'_3,\boldsymbol{e}_2) & \cos(\boldsymbol{e}'_3,\boldsymbol{e}_3) \end{bmatrix} \tag{B-9}$$

上式也可以写为

$$C_{ij}=\boldsymbol{e}'_i\cdot\boldsymbol{e}_j \tag{B-10}$$

显然，式(B-8）所示的变换是正交变换。

设矢量 $\boldsymbol{f}$ 在新坐标系中的分量是$\{a'_1, a'_2, a'_3\}$，它与旧坐标系中的分量不同，但遵循

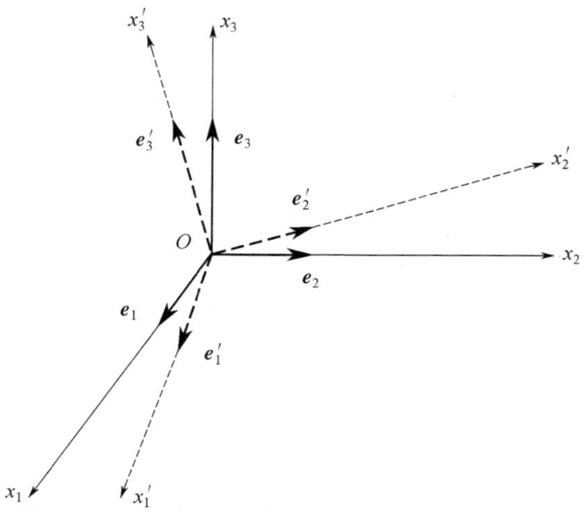

图 B-1　坐标系变换

以下变换规则：

$$\begin{bmatrix} a_1' \\ a_2' \\ a_3' \end{bmatrix} = \begin{bmatrix} C_{11} & C_{12} & C_{13} \\ C_{21} & C_{22} & C_{23} \\ C_{31} & C_{32} & C_{33} \end{bmatrix} \begin{bmatrix} a_1 \\ a_2 \\ a_3 \end{bmatrix} \tag{B-11}$$

用指标表示，为

$$f_i' = C_{ij} f_j \tag{B-12}$$

接下来，讨论物理规律在不同坐标系下的表达形式。以牛顿第二定律为例，在旧坐标系下有

$$f_i = m a_i$$

结合式(B-12)，可以写出在新坐标系下的表达式：

$$f_i' = C_{ij} f_j = m C_{ij} a_i = m a_i'$$

可以看出，物理定律在不同坐标系下表达式完全相同，称这种性质为物理定律的坐标不变性。对于牛顿第二定律，可以统一表示为

$$\boldsymbol{f} = m\boldsymbol{a}$$

三、张量定义及表示

1. 二阶张量

张量是标量、矢量的自然延伸。因变形对应不均匀的位移场，因此应变常用又如位移 $\boldsymbol{u}$ 的空间变化率表示。位移是一个矢量，有三个沿着三个坐标轴方向的分量。对于每一个位移分量，又有沿着三个坐标轴方向的空间变化率分量。因此，位移的空间变化率共有 $3^2=9$ 个分量，是一个二阶张量。又如，定义变形梯度 $\boldsymbol{F}$，用来表示变形前后位置矢量 $\boldsymbol{X}$

和 $\boldsymbol{x}$ 之间一一对应的线性映射（变换）关系。由于 $\boldsymbol{X}$ 和 $\boldsymbol{x}$ 各有三个分量，则两者之间的线性映射关系自然需要 3^2 个分量来描述，因此 $\boldsymbol{F}$ 也是一个二阶张量。二阶张量可以用一个 2 阶数组表示：

$$\begin{bmatrix} x_1 \\ x_2 \\ x_3 \end{bmatrix} = \begin{bmatrix} F_{11} & F_{12} & F_{13} \\ F_{21} & F_{22} & F_{23} \\ F_{31} & F_{32} & F_{33} \end{bmatrix} \begin{bmatrix} X_1 \\ X_2 \\ X_3 \end{bmatrix} \tag{B-13}$$

上式用指标表示，为

$$x_i' = F_{ij} x_j \tag{B-14}$$

为了表达的简洁性，后面将仅采用指标形式表述线性变换关系，其数组形式将不再具体给出，读者可根据求和约定自行写出。

与矢量的表示方法式(B-5）类似，二阶张量可记作

$$\boldsymbol{F} = F_{ij} \boldsymbol{e}_i \boldsymbol{e}_j \tag{B-15}$$

其中，$\boldsymbol{e}_i\boldsymbol{e}_j$ 称为并矢基，共有 3^2 个分量，其与二阶张量的分量是一一对应的。此处的并矢基定义了一种运算，称为并矢积，表示为

$$\boldsymbol{ab} = a_i b_j \tag{B-16}$$

需要注意的是，并矢积是指两个相同维度矢量之间的运算。

可以看出，变形梯度的元素 F_{ij} 表示变形后位置矢量中 i 元素与变形前位置矢量 j 元素之间的线性比例系数。再如，应力也可以用二阶张量表示，其中元素 σ_{ij} 表示截面 i 上在方向 j 上的面力集度。这些可以作为并矢积的几何解释。

再讨论二阶张量的坐标变换关系。由式(B-12）可得，变形前后位置矢量 $\boldsymbol{X}$ 和 $\boldsymbol{x}$ 在新旧坐标系中的坐标分别遵循以下变换关系：

$$X_i' = C_{ij} X_j$$

$$x_i' = C_{ij} x_j$$

结合式(B-14)，可得

$$F_{ij}' = C_{ik} C_{js} F_{ks} \tag{B-17}$$

2. *r* 阶张量

将以上矢量和二阶张量的概念进行推广，我们可以得到张量的一般定义。**张量**（tensor）是一个可以用来表示标量、矢量和其他张量之间的线性变换关系的多线性函数。张量最常见的表示方法为粗体字母，这与矢量类似。在 3 维空间内，张量有 3^r 个分量，其中 r 为张量的阶。例如，标量包含一个分量，对应 $r=0$，为零阶张量；矢量包含 3 个分量，对应 $r=1$，为一阶张量；当 $r=2$ 时，为二阶张量，有 9 个分量。推广到 r 阶，就可以得到 r 阶张量的概念。接下来将从两个角度给出其定义。

从代数角度来看，张量是向量的推广。可知，在一个坐标系下，向量可以表示成一阶有序数组（即分量按照顺序排成一排），矩阵可以表示成二阶有序数组（分量按照纵横位置排列），以此类推，那么 n 阶张量就可以表示成 n 阶有序数组。张量是描述线性映射的

线性函数，因此，张量的每个分量在进行坐标变换时，也依照某些规则作线性变换。

将式(B-12) 和式(B-17) 进行推广，r 阶张量的坐标变换关系为

$$A'_{i_1i_2\cdots i_r}=C_{i_1j_1}C_{i_2j_2}\cdots C_{i_rj_r}A_{i_1i_2\cdots i_r} \tag{B-18}$$

上式说明，若一个 r 阶有序数组 $A_{i_1i_2\cdots i_r}$ 在坐标变换时服从 C_{ij} 的 r 次齐次式，则称其为 r 阶张量，记作 $A_{i_1i_2\cdots i_r}$。这种标记方法称为张量的指标记法，其原理主要是爱因斯坦求和约定，一阶张量 $\boldsymbol{a}$ 可以表示为 a_i，二阶张量 $\boldsymbol{T}$ 可以表示为 T_{ij}。

从几何角度来看，张量是一个几何量，也就是说，它是一个不随参照系的坐标变换而变化的量。例如，矢量的坐标会随着坐标系的变化而变化，但矢量本身的性质（大小、方向）不会随着坐标系的变化而变化。按照这种不随坐标系而变化的性质，r 阶张量可以定义为

$$\boldsymbol{A}=A_{i_1i_2\cdots i_r}\boldsymbol{e}_{i_1}\boldsymbol{e}_{i_2}\cdots\boldsymbol{e}_{i_r}=A'_{j_1j_2\cdots j_r}\boldsymbol{e}'_{j_1}\boldsymbol{e}'_{j_2}\cdots\boldsymbol{e}'_{j_r} \tag{B-19}$$

其中，$\boldsymbol{e}_{i_1}\boldsymbol{e}_{i_2}\cdots\boldsymbol{e}_{i_r}$ 和 $\boldsymbol{e}'_{i_1}\boldsymbol{e}'_{i_2}\cdots\boldsymbol{e}'_{i_r}$ 称为并矢基，共有 n^r 个分量，与张量的分量是一一对应的。因此，上式所示的张量表示方法称为并矢记法，其形式为指标表示后面加上基矢量的并矢积。一个 r 阶张量是 r 个一阶张量的并矢积。例如，一阶张量 $\boldsymbol{a}=a_i\boldsymbol{e}_i$，二阶张量 $\boldsymbol{T}=T_{ij}\boldsymbol{e}_i\boldsymbol{e}_j$。

实际上，张量在几何上的的坐标不变性质是包含了其在代数上的线性变化规则的，将式(B-8) 代入式(B-19) 可得

$$\boldsymbol{A}=A_{i_1i_2\cdots i_r}\boldsymbol{e}_{i_1}\boldsymbol{e}_{i_2}\cdots\boldsymbol{e}_{i_r}=A_{i_1i_2\cdots i_r}C_{j_1i_1}C_{j_2i_2}\cdots C_{j_ri_r}\boldsymbol{e}'_{j_1}\boldsymbol{e}'_{j_2}\cdots\boldsymbol{e}'_{j_r}=A'_{j_1j_2\cdots j_r}\boldsymbol{e}'_{j_1}\boldsymbol{e}'_{j_2}\cdots\boldsymbol{e}'_{j_r}$$

整理得

$$A'_{j_1j_2\cdots j_r}=A_{i_1i_2\cdots i_r}C_{j_1i_1}C_{j_2i_2}\cdots C_{j_ri_r}$$

上式即为式(B-18)。

本节共介绍了三种张量的表达形式，可以看出，张量最完整的表示方法是其并矢记法，阐明了张量的几何意义。而其元素的表示可采用指标记法，阐明了张量的代数意义。对于一阶和二阶张量，更直观的表示形式为数组形式。常见的张量表达形式见表 B-1。

表 B-1　张量的命名及表达形式

阶数	0 阶(3^0)	1 阶(3^1)	2 阶(3^2)	r 阶(3^r)
命名	标量	矢量	张量	张量
数组形式	a	$\begin{bmatrix}a_1\\a_2\\a_3\end{bmatrix}$	$\begin{bmatrix}a_{11}&a_{12}&a_{13}\\a_{21}&a_{22}&a_{23}\\a_{31}&a_{32}&a_{33}\end{bmatrix}$	略
指标记法	a	a_i	a_{ij}	$a_{i_1i_2\cdots i_r}$
并矢记法	a	$a_i\boldsymbol{e}_i$	$a_{ij}\boldsymbol{e}_i\boldsymbol{e}_j$	$a_{i_1i_2\cdots i_r}\boldsymbol{e}_{i_1}\boldsymbol{e}_{i_2}\cdots\boldsymbol{e}_{i_r}$

四、张量分析的基本符号

上节中提到，张量最完整的记法为并矢记法，使用并矢记法进行张量运算时，引入克

罗内克符号和置换符号，便于理解张量运算过程中张量阶数和基矢量的变化情况，使得张量运算简洁明了。

1. 克罗内克符号

在笛卡尔直角坐标系中，克罗内克符号定义为

$$\delta_{ij}=\begin{cases}1, i=j\\0, i\neq j\end{cases} \tag{B-20}$$

换言之，有矩阵

$$\begin{bmatrix}\delta_{11} & \delta_{12} & \delta_{13}\\ \delta_{21} & \delta_{22} & \delta_{23}\\ \delta_{31} & \delta_{32} & \delta_{33}\end{bmatrix}=\begin{bmatrix}1 & 0 & 0\\ 0 & 1 & 0\\ 0 & 0 & 1\end{bmatrix} \tag{B-21}$$

不难验证，对矢量 $\boldsymbol{a}$ 和张量 $\boldsymbol{T}$，以下关系是成立的：

$$\delta_{ij}a_j=a_i \tag{B-22}$$

$$\delta_{ik}T_{kj}=T_{ij} \tag{B-23}$$

若 $\boldsymbol{e}_1$，$\boldsymbol{e}_2$，$\boldsymbol{e}_3$ 是相互垂直的单位基矢量，则有

$$\boldsymbol{e}_i\cdot\boldsymbol{e}_j=\delta_{ij} \tag{B-24}$$

即 δ_{ij} 表示两个基向量的点积。

2. 置换符号

在笛卡尔直角坐标系中，置换符号定义为

$$e_{ijk}=\begin{cases}1 & （当 i,j,k 为 1,2,3 的偶排列时）\\ -1 & （当 i,j,k 为 1,2,3 的奇排列时）\\ 0 & （当 i,j,k 不为 1,2,3 的排列时）\end{cases} \tag{B-25}$$

即当 i，j，k 取 1，2，3 时，有

$$e_{123}=e_{231}=e_{312}=1$$

$$e_{321}=e_{213}=e_{132}=-1$$

$$e_{111}=e_{121}=\cdots=0$$

若 $\boldsymbol{e}_1$，$\boldsymbol{e}_2$，$\boldsymbol{e}_3$ 是右手卡氏直角坐标系的单位基矢量，则利用置换符号可以将两单位基矢量的叉积 $e_i\times e_j$ 写成下式：

$$\boldsymbol{e}_i\times\boldsymbol{e}_j=e_{ijk}\boldsymbol{e}_k \tag{B-26}$$

五、点积与叉积

1. 点积

矢量 $\boldsymbol{a}$ 和矢量 $\boldsymbol{b}$ 的点积定义为

$$\boldsymbol{a}\cdot\boldsymbol{b}=|\boldsymbol{a}||\boldsymbol{b}|\cos\theta \tag{B-27}$$

式中，$|\boldsymbol{a}|$为矢量 $\boldsymbol{a}$ 的模，θ 为两个矢量间夹角，如图 B-2 所示。

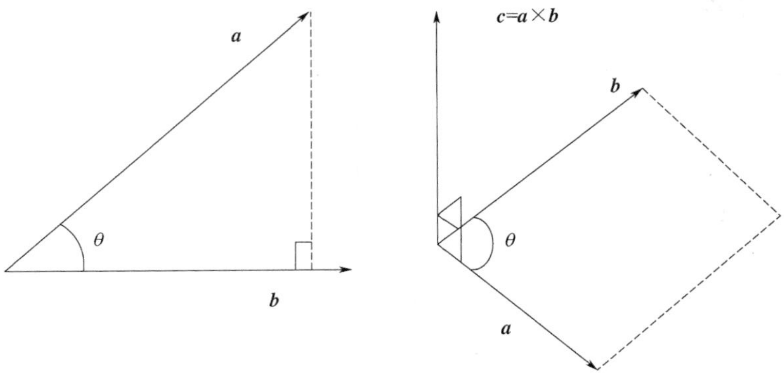

图 B-2　点积（左）和叉积（右）

由式(B-27) 可以看出，矢量点积的几何意义为一个矢量在另一个矢量方向上投影的长度。使用点积的几何意义可以计算许多物理量，如功 $W=\boldsymbol{f}\cdot\boldsymbol{u}$。

以上为解析几何中对矢量点积的定义，接下来，通过张量的并矢记法以及克罗内克符号，定义张量的点积运算。

两个一阶张量 $\boldsymbol{a}$ 和 $\boldsymbol{b}$ 的点积定义为

$$\boldsymbol{a}\cdot\boldsymbol{b}=a_i\boldsymbol{e}_i b_j\boldsymbol{e}_j=a_i b_j\delta_{ij}=a_i b_i=\boldsymbol{a}^{\mathrm{T}}\boldsymbol{b} \tag{B-28}$$

可以看出，以上张量点积的运算结果与线性代数中向量点积运算结果完全一致，这说明将低阶张量（一阶张量和二阶张量）表示为数组（矩阵）形式进行运算完全可行，并且在某些应用中更便于理解。

二阶张量 $\boldsymbol{T}$ 和一阶张量 $\boldsymbol{a}$ 的点积定义为

$$\boldsymbol{T}\cdot\boldsymbol{a}=T_{ij}\boldsymbol{e}_i\boldsymbol{e}_j\cdot a_k\boldsymbol{e}_k=T_{ij}a_k\delta_{jk}\boldsymbol{e}_i=T_{ij}a_j\boldsymbol{e}_i \tag{B-29}$$

两个张量 $\boldsymbol{T}$ 和 $\boldsymbol{S}$ 的双点积定义为

$$\boldsymbol{T}:\boldsymbol{S}=T_{ij}\boldsymbol{e}_i\boldsymbol{e}_j:S_{kl}\boldsymbol{e}_k\boldsymbol{e}_l=T_{ij}S_{kl}(\boldsymbol{e}_i\cdot\boldsymbol{e}_k)(\boldsymbol{e}_j\cdot\boldsymbol{e}_l)=T_{ij}S_{kl}\delta_{ik}\delta_{jl}=T_{ij}S_{ij} \tag{B-30}$$

2. 叉积

叉积不同于点积，两个矢量的叉积为垂直于两矢量平面的一个矢量，如图 B-2 所示。设矢量 $\boldsymbol{a}$ 和矢量 $\boldsymbol{b}$ 的矢量积为矢量 $\boldsymbol{c}$，则矢量 $\boldsymbol{c}$ 的方向可以由右手定则确定，当右手的四指从 $\boldsymbol{a}$ 以不超过 180°的转角转向 $\boldsymbol{b}$ 时，竖起的大拇指指向即是 $\boldsymbol{c}$ 的方向。叉积的标记为“×”，叉积定义为

$$\boldsymbol{c}=\boldsymbol{a}\times\boldsymbol{b}=|\boldsymbol{a}||\boldsymbol{b}|\sin\theta \tag{B-31}$$

从图 B-2 所示的几何图形上可以看出，矢量 $\boldsymbol{c}$ 的数值等于由 $\boldsymbol{a}$ 和 $\boldsymbol{b}$ 组成的平行四边形的面积。在力学、电磁学、光学和计算机图形学等理工学科中，叉积应用十分广泛。例如力矩、角动量、洛伦兹力等物理量都可以由矢量的叉积定义。

矢量 $\boldsymbol{a}$，$\boldsymbol{b}$，$\boldsymbol{c}$ 的混合积定义为

$$\boldsymbol{a}\cdot(\boldsymbol{b}\times\boldsymbol{c})=\begin{vmatrix}a_1 & a_2 & a_3\\ b_1 & b_2 & b_3\\ c_1 & c_2 & c_3\end{vmatrix}$$

混合积的几何意义是以 $\boldsymbol{a}$、$\boldsymbol{b}$、$\boldsymbol{c}$ 为三个棱边所围成的平行六面体的体积，如图B-3所示。且当 $\boldsymbol{a}$、$\boldsymbol{b}$、$\boldsymbol{c}$ 构成右手系时，该平行六面体的体积为正。

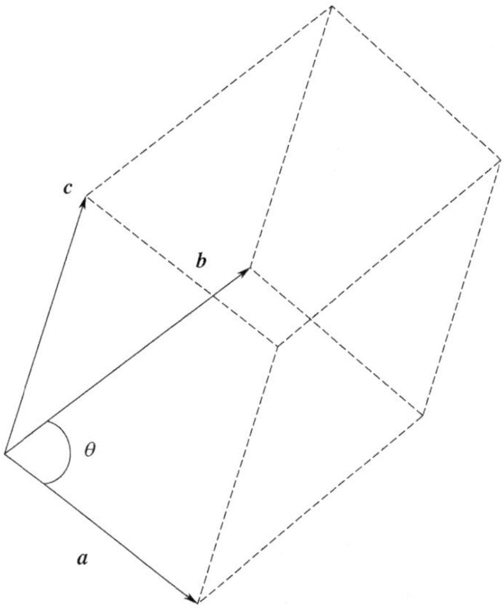

图B-3　混合积的几何意义

以上为解析几何中对矢量叉积的定义，接下来，通过张量的并矢记法以及置换符号，定义张量的叉积运算。

两个一阶张量的叉积定义为

$$\boldsymbol{c}=\boldsymbol{a}\times\boldsymbol{b}=a_i\boldsymbol{e}_i\times b_j\boldsymbol{e}_j=a_ib_je_{ijk}\boldsymbol{e}_k=\begin{vmatrix}\boldsymbol{e}_1 & \boldsymbol{e}_2 & \boldsymbol{e}_3\\ a_1 & a_2 & a_3\\ b_1 & b_2 & b_3\end{vmatrix} \tag{B-32}$$

可以看出，张量的叉积运算结果与线性代数中向量叉积（矩阵行列式）运算结果完全一致，因此，与点积相同，可以将低阶张量表示为矩阵形式进行叉积运算。

二阶张量 $\boldsymbol{T}$ 和一阶张量 $\boldsymbol{a}$ 的叉积定义为

$$\boldsymbol{T}\times\boldsymbol{a}=T_{ij}\boldsymbol{e}_i\boldsymbol{e}_j\times a_k\boldsymbol{e}_k=T_{ij}a_k\boldsymbol{e}_i\boldsymbol{e}_j\times\boldsymbol{e}_k=T_{ij}a_ke_{jkl}\boldsymbol{e}_i\boldsymbol{e}_l \tag{B-33}$$

六、梯度、散度与旋度

1. 梯度

假定有一标量 ϕ，该标量在某一坐标系下沿三个坐标轴的变化率为

$$\frac{\partial \phi}{\partial x_i}=\phi_{,i}(i=1,2,3) \tag{B-34}$$

引入符号∇代表矢量算子，其分量为$\left(\frac{\partial}{\partial x_1},\frac{\partial}{\partial x_2},\frac{\partial}{\partial x_3}\right)$，记作$\partial_i \boldsymbol{e}_i$。标量场$\phi(x_1,x_2,x_3)$的梯度 $\nabla\phi$ 是一个矢量，通常读作 gradϕ，表示为：

$$\nabla\phi=\mathrm{grad}\phi=\boldsymbol{e}_1\frac{\partial \phi}{\partial x_1}+\boldsymbol{e}_2\frac{\partial \phi}{\partial x_2}+\boldsymbol{e}_3\frac{\partial \phi}{\partial x_3}=\phi_{,i}\boldsymbol{e}_i \tag{B-35}$$

对于任意张量，其梯度为每个分量（标量）的空间导数。如位移 $\boldsymbol{u}$ 矢量的梯度

$$\nabla\boldsymbol{u}=\partial_j\boldsymbol{e}_j u_i\boldsymbol{e}_i=u_{i,j}\boldsymbol{e}_i\boldsymbol{e}_j \tag{B-36}$$

可以看出，位移矢量的梯度表示其三个分量在三个方向上的空间变化率（导数），因此是一个二阶张量。

同理，二阶张量 $\boldsymbol{\sigma}$ 的梯度为三阶张量，即

$$\nabla\boldsymbol{\sigma}=\sigma_{ij,k}\boldsymbol{e}_i\boldsymbol{e}_j\boldsymbol{e}_k \tag{B-37}$$

2. 散度

散度的定义是基于一阶及以上张量的，也就是说，标量没有散度。算子∇与一个矢量的点积定义为这个矢量的散度。例如，位移矢量的散度$\nabla\cdot\boldsymbol{u}$ 定义为

$$\nabla\cdot\boldsymbol{u}=\mathrm{div}\boldsymbol{u}=\partial_j\boldsymbol{e}_j\cdot u_i\boldsymbol{e}_i=\partial_j u_i\delta_{ij}=u_{i,i} \tag{B-38}$$

可以看出，算子与矢量的点积为一个标量，在空间中与位置有关，但没有方向，只有一个数值。对于二阶张量，其散度定义为

$$\nabla\cdot\boldsymbol{\sigma}=\partial_i\boldsymbol{e}_i\cdot\sigma_{lj}\boldsymbol{e}_l\boldsymbol{e}_j=\partial_i\sigma_{lj}\delta_{il}\boldsymbol{e}_j=\sigma_{ij,i}\boldsymbol{e}_j \tag{B-39}$$

散度的物理意义是场的有源性。某一点或某个区域的散度大于零，表示向量场在这一点或这一区域有新的通量产生，小于零则表示向量场在这一点或区域有通量湮灭。散度等于零的区域称为无源场。流体力学中，速度场的散度为零的流体称为不可压缩流体，也就是说此流体中不会有一部分凭空消失或突然产生，每个微小时间间隔中流入一个微小体元的流体总量，都等于在此时间间隔内流出此体元的流体总量。定义拉普拉斯算子为

$$\nabla\cdot\nabla\phi=\nabla^2\phi=\phi_{,ii} \tag{B-40}$$

3. 旋度

和散度类似，旋度的定义也是基于一阶及以上张量的，标量没有旋度。算子∇与一个矢量的叉乘（$\nabla\times\boldsymbol{F}$）为这个矢量的旋度：

$$\nabla\times\boldsymbol{F}=\mathrm{curl}\boldsymbol{F}=a_{j,i}e_{ijk}\boldsymbol{e}_k \tag{B-41}$$

对于二阶张量，其旋度定义为

$$\nabla\times\boldsymbol{\sigma}=\sigma_{jk,i}e_{ijl}\boldsymbol{e}_l\boldsymbol{e}_k \tag{B-42}$$

旋度的物理意义是场的偏转性质，它描述了场中某一点所包含微元在场中的旋转程度。例如，静电场的电场线是直线，没有偏转，所以此时的电场旋度为 0。

七、散度与旋度定理

在力学理论的推导过程中，经常会用到体积分与面积分之间的转换，本章将从格林公式出发，证明高斯公式以及斯托克斯公式。

在平面区域 D 上定义向量函数 $\boldsymbol{F}=(F_x,F_y)$，区域 D 的边界为 ∂D，边界上一点的切向量为 $\boldsymbol{\tau}\mathrm{d}l=(\mathrm{d}x,\mathrm{d}y)$，法向量为 $\boldsymbol{n}\mathrm{d}l=(\mathrm{d}y,-\mathrm{d}x)$。

1. 格林公式

把如图 B-4 所示的区域 D 划分为无数正方形微元，对其中任一微元有：

$$
\begin{aligned}
\oint_L F_x\mathrm{d}x+F_y\mathrm{d}y &= \int_{L_1}F_x\mathrm{d}x+\int_{L_2}F_y\mathrm{d}y+\int_{L_3}F_x\mathrm{d}x+\int_{L_4}F_y\mathrm{d}y\\
&=\int_{b_0}^{b_1}[F_y(a_1,y)-F_y(a_0,y)]\,\mathrm{d}y-\int_{a_0}^{a_1}[F_x(x,b_1)-F_x(x,b_0)]\,\mathrm{d}x\\
&=\int_{b_0}^{b_1}\int_{a_0}^{a_1}\frac{\partial F_y}{\partial x}\mathrm{d}x\mathrm{d}y-\int_{a_0}^{a_1}\int_{b_0}^{b_1}\frac{\partial F_x}{\partial y}\mathrm{d}y\mathrm{d}x\\
&=\int_{b_0}^{b_1}\int_{a_0}^{a_1}\left[\frac{\partial F_y}{\partial x}-\frac{\partial F_x}{\partial y}\right]\mathrm{d}x\mathrm{d}y\\
&=\iint_{D_1}\left(\frac{\partial F_y}{\partial x}-\frac{\partial F_x}{\partial y}\right)\mathrm{d}S
\end{aligned}
$$

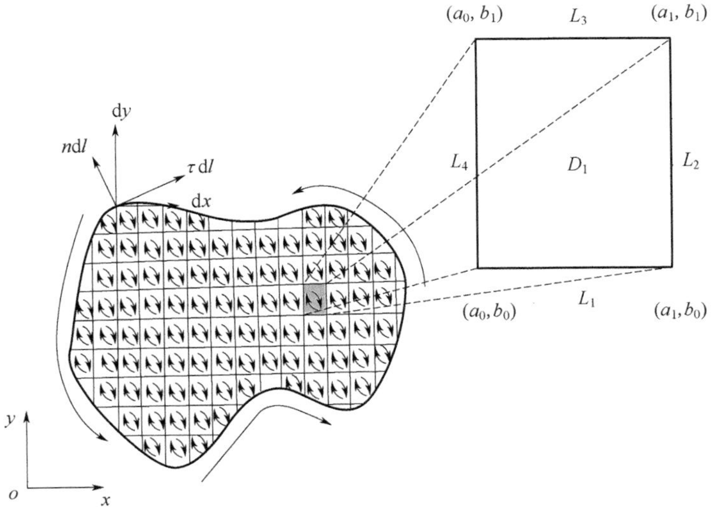

图 B-4　格林公式

对所有微元求和，可得对整个区域 D 及其边界 ∂D 有：

$$\oint_{\partial D} F_x \mathrm{d}x + F_y \mathrm{d}y = \iint_D \left(\frac{\partial F_y}{\partial x} - \frac{\partial F_x}{\partial y} \right) \mathrm{d}x\mathrm{d}y \tag{B-43}$$

即为格林公式。

2. 斯托克斯公式

由格林公式，有

$$\oint_{\partial D} F_x \mathrm{d}x + F_y \mathrm{d}y == \iint_D \left(\frac{\partial F_y}{\partial x} - \frac{\partial F_x}{\partial y} \right) \mathrm{d}x\mathrm{d}y$$

将被积函数写成张量形式，得

$$\oint_{\partial D} \boldsymbol{F} \cdot \boldsymbol{\tau} \mathrm{d}l = \iint_D (\nabla \times \boldsymbol{F}) \cdot \mathrm{d}\boldsymbol{S}$$

这里的定义的是旋度的平面形式，即

$$\nabla \times \boldsymbol{F} = \left(\frac{\partial F_y}{\partial x} - \frac{\partial F_x}{\partial y} \right) \boldsymbol{k}$$

其中 $\boldsymbol{k}$ 为平面单位法向量。

将上式推广到三维，有

$$\oint_{\partial \Omega} \boldsymbol{F} \cdot \boldsymbol{\tau} \mathrm{d}S = \iiint_{\Omega} (\nabla \times \boldsymbol{F}) \cdot \mathrm{d}\Omega \tag{B-44}$$

式(B-44) 即为斯托克斯公式。

3. 高斯公式

由格林公式，有

$$\oint_{\partial D} F_x \mathrm{d}x + F_y \mathrm{d}y = \iint_D \left(\frac{\partial F_y}{\partial x} - \frac{\partial F_x}{\partial y} \right) \mathrm{d}x\mathrm{d}y$$

令 $F_x = -F_y$，$F_y = F_x$，则有

$$\oint_{\partial D} F_x \mathrm{d}x - F_y \mathrm{d}y = \iint_D \left(\frac{\partial F_y}{\partial x} - \frac{\partial F_x}{\partial y} \right) \mathrm{d}x\mathrm{d}y$$

将上式等号左右两边都写成张量形式，有

$$\oint_{\partial D} \boldsymbol{F} \cdot \boldsymbol{n} \mathrm{d}l = \iint_D \nabla \cdot \boldsymbol{F} \mathrm{d}S$$

推广至三维形式，得

$$\oint_{\partial \Omega} \boldsymbol{F} \cdot \boldsymbol{n} \mathrm{d}S = \iiint_{\Omega} \nabla \cdot \boldsymbol{F} \mathrm{d}\Omega \tag{B-45}$$

式(B-45) 即为高斯公式。

4. 梯度形式的格林公式

考虑旋度定理的特殊情况，当 $F_x = 0$ 时，有

$$\oint_{\partial D} F_y \mathrm{d}y = \oint_{\partial D} F_y n_1 \mathrm{d}l = \iint_D \frac{\partial F_y}{\partial x} \mathrm{d}S$$

当 $F_y=0$ 时，有

$$\oint_{\partial D} F_x(-\mathrm{d}x) = \oint_{\partial D} F_x n_2 \mathrm{d}l = \iint_D \frac{\partial F_x}{\partial y}\mathrm{d}S$$

考虑散度定理的特殊情况，当 $F_x=0$ 时，有

$$\oint_{\partial D} -F_y \mathrm{d}x = \oint_{\partial D} F_y n_2 \mathrm{d}l = \iint_D \frac{\partial F_y}{\partial y}\mathrm{d}S$$

当 $F_y=0$ 时，有

$$\oint_{\partial D} F_x \mathrm{d}y = \oint_{\partial D} F_x n_1 \mathrm{d}l = \iint_D \frac{\partial F_x}{\partial x}\mathrm{d}S$$

综上所述，有

$$\oint_{\partial D}\begin{bmatrix} F_x n_1 & F_x n_2 \\ F_y n_1 & F_y n_2 \end{bmatrix}\mathrm{d}l = \iint_D \begin{bmatrix} \dfrac{\partial F_x}{\partial x} & \dfrac{\partial F_x}{\partial y} \\ \dfrac{\partial F_y}{\partial x} & \dfrac{\partial F_y}{\partial y} \end{bmatrix}\mathrm{d}S$$

即

$$\oint_{\partial D} \boldsymbol{F}\boldsymbol{n}\mathrm{d}l = \iint_D \nabla\boldsymbol{F}\mathrm{d}S \tag{B-46}$$

八、常用坐标系的张量分析

1. 笛卡儿直角坐标系

如图 B-5 所示，设点 M 的坐标为 $x_i(i=x,y,z)$，那么矢量 $\boldsymbol{OM}$ 相对于单位矢量 $\boldsymbol{e}_i(i=x,y,z)$ 的分量为

$$\boldsymbol{OM}=x_i\boldsymbol{e}_i$$

在此基础上考虑直角坐标系下的矢量函数，M 点处的矢量可以表示为

$$\boldsymbol{v}(M)=\boldsymbol{v}(\boldsymbol{x})=v_x(\boldsymbol{x})\boldsymbol{e}_x+v_y(\boldsymbol{x})\boldsymbol{e}_y+v_z(\boldsymbol{x})\boldsymbol{e}_z$$

矢量的梯度可表示为

$$\nabla\boldsymbol{v}=\frac{\partial v_i}{\partial x_j}\boldsymbol{e}_i\boldsymbol{e}_j=\begin{bmatrix} \dfrac{\partial v_x}{\partial x} & \dfrac{\partial v_x}{\partial y} & \dfrac{\partial v_x}{\partial z} \\ \dfrac{\partial v_y}{\partial x} & \dfrac{\partial v_y}{\partial y} & \dfrac{\partial v_y}{\partial z} \\ \dfrac{\partial v_z}{\partial x} & \dfrac{\partial v_z}{\partial y} & \dfrac{\partial v_z}{\partial z} \end{bmatrix} \tag{B-47}$$

矢量的散度为

$$\nabla\cdot\boldsymbol{v}=\frac{\partial v_i}{\partial x_i}=\frac{\partial v_x}{\partial x}+\frac{\partial v_y}{\partial y}+\frac{\partial v_z}{\partial z} \tag{B-48}$$

对矢量梯度再求散度，有

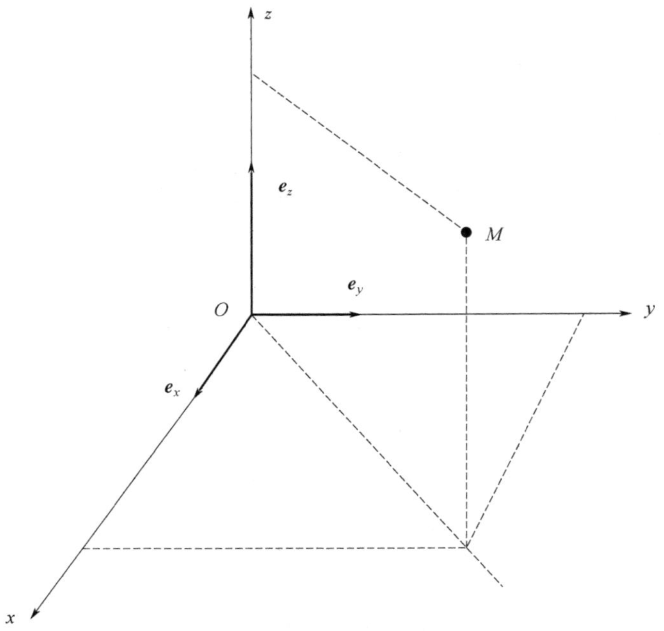

图 B-5　笛卡儿直角坐标系

$$\nabla^2 \boldsymbol{v}=\nabla \cdot (\nabla \boldsymbol{v}) =\frac{\partial^2 v_i}{\partial x_j \partial x_j}\boldsymbol{e}_i \tag{B-49}$$

考虑到坐标系下标量函数 $f(M)=f(x)$，其梯度和梯度的散度分别为

$$\nabla f=f_{,i}\boldsymbol{e}_i \tag{B-50}$$

$$\nabla^2 f=\nabla \cdot (\nabla f) =f_{,ii} \tag{B-51}$$

同理，对该坐标系下的二阶张量函数 $\boldsymbol{T}(M) =T_{ij}(\boldsymbol{x})\boldsymbol{e}_i\boldsymbol{e}_j$，有

$$\nabla \boldsymbol{T}=T_{ij,k}\boldsymbol{e}_i\boldsymbol{e}_j\boldsymbol{e}_k \tag{B-52}$$

$$\nabla \cdot \boldsymbol{T}=T_{ij,j}\boldsymbol{e}_i \tag{B-53}$$

$$\nabla^2 \boldsymbol{T}=\nabla \cdot (\nabla \boldsymbol{T}) =\frac{\partial^2 T_{ij}}{\partial x_k \partial x_k}\boldsymbol{e}_i\boldsymbol{e}_j \tag{B-54}$$

2. 柱坐标系

在柱坐标系中，点 M 如图 B-6 的位置通过参数 r，θ，z 来描述，该坐标系下的单位矢量可以用 $\boldsymbol{e}_r$，$\boldsymbol{e}_\theta$，$\boldsymbol{e}_z$ 表示，所以 M 点处的微分可以表示为

$$\mathrm{d}\boldsymbol{M}=\boldsymbol{e}_r\mathrm{d}r+\boldsymbol{e}_\theta r\mathrm{d}\theta+\boldsymbol{e}_z\mathrm{d}z$$

各单位矢量的偏导为

$$\frac{\partial \boldsymbol{e}_r}{\partial r}=0 \quad \frac{\partial \boldsymbol{e}_\theta}{\partial r}=0 \quad \frac{\partial \boldsymbol{e}_z}{\partial r}=0$$

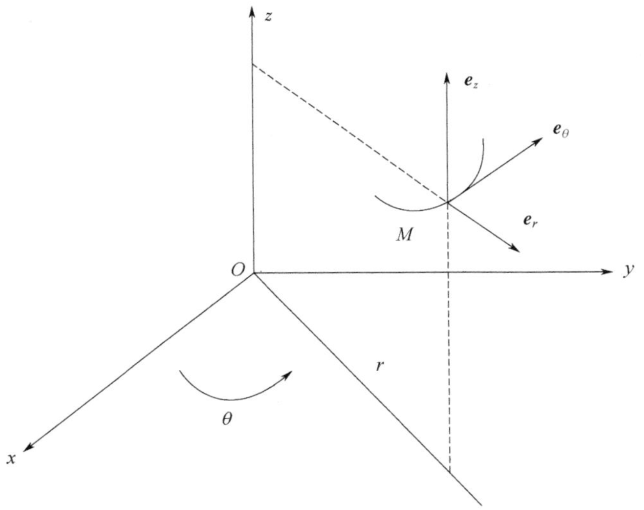

图 B-6　柱坐标系

$$\frac{\partial \boldsymbol{e}_r}{\partial \theta}=\boldsymbol{e}_\theta \quad \frac{\partial \boldsymbol{e}_\theta}{\partial \theta}=-\boldsymbol{e}_r \quad \frac{\partial \boldsymbol{e}_z}{\partial \theta}=0$$
$$\frac{\partial \boldsymbol{e}_r}{\partial z}=0 \quad \frac{\partial \boldsymbol{e}_\theta}{\partial z}=0 \quad \frac{\partial \boldsymbol{e}_z}{\partial z}=0 \tag{B-55}$$

用单位向量表示点 M 处的矢量 $\boldsymbol{v}(\boldsymbol{M})$，有

$$\boldsymbol{v}(\boldsymbol{M})=v_r(r,\theta,z)\boldsymbol{e}_r+v_\theta(r,\theta,z)\boldsymbol{e}_\theta+v_z(r,\theta,z)\boldsymbol{e}_z$$

在此基础上，可以得到矢量的梯度、散度、梯度的散度，分别为

$$\nabla\boldsymbol{v}=\begin{bmatrix}\frac{\partial v_r}{\partial r} & \frac{1}{r}\left(\frac{\partial v_r}{\partial \theta}-v_\theta\right) & \frac{\partial v_r}{\partial z}\\ \frac{\partial v_\theta}{\partial r} & \frac{1}{r}\left(\frac{\partial v_\theta}{\partial \theta}+v_r\right) & \frac{\partial v_\theta}{\partial z}\\ \frac{\partial v_z}{\partial r} & \frac{1}{r}\frac{\partial v_z}{\partial \theta} & \frac{\partial v_z}{\partial z}\end{bmatrix} \tag{B-56}$$

$$\nabla\cdot\boldsymbol{v}=\frac{\partial v_r}{\partial r}+\frac{v_r}{r}+\frac{1}{r}\frac{\partial v_\theta}{\partial \theta}+\frac{\partial v_z}{\partial z} \tag{B-57}$$

$$\begin{aligned}\nabla^2\boldsymbol{v}&=\nabla\cdot(\nabla\boldsymbol{v})\\&=\left(\nabla^2 v_r-\frac{2}{r^2}\frac{\partial v_\theta}{\partial \theta}-\frac{v_r}{r^2}\right)\boldsymbol{e}_r+\left(\nabla^2 v_\theta+\frac{2}{r^2}\frac{\partial v_r}{\partial \theta}-\frac{v_\theta}{r^2}\right)\boldsymbol{e}_\theta+\nabla^2 v_z\boldsymbol{e}_z\end{aligned} \tag{B-58}$$

对该坐标系下标量函数 $f(M)=f(r,\theta,z)$，有

$$\nabla f=\frac{\partial f}{\partial r}\boldsymbol{e}_r+\frac{1}{r}\frac{\partial f}{\partial \theta}\boldsymbol{e}_\theta+\frac{\partial f}{\partial z}\boldsymbol{e}_z \tag{B-59}$$

$$\nabla^2 f=\nabla\cdot(\nabla f)=\frac{\partial^2 f}{\partial r^2}+\frac{1}{r}\frac{\partial f}{\partial r}+\frac{1}{r^2}\frac{\partial^2 f}{\partial \theta^2}+\frac{\partial^2 f}{\partial z^2} \tag{B-60}$$

对该坐标系下各二阶张量函数 $\boldsymbol{T}(M)=\boldsymbol{T}(r,\theta,z)=T_{ij}(r,\theta,z)\boldsymbol{e}_i\boldsymbol{e}_j$，有

$$\begin{aligned}\nabla\cdot\boldsymbol{T}(r,\theta,z)=&\left(\frac{\partial T_{rr}}{\partial r}+\frac{1}{r}\frac{\partial T_{r\theta}}{\partial\theta}+\frac{\partial T_{rz}}{\partial z}+\frac{T_{rr}-T_{\theta\theta}}{r}\right)\boldsymbol{e}_r\\&+\left(\frac{\partial T_{\theta r}}{\partial r}+\frac{1}{r}\frac{\partial T_{\theta\theta}}{\partial\theta}+\frac{\partial T_{\theta z}}{\partial z}+\frac{T_{r\theta}+T_{\theta r}}{r}\right)\boldsymbol{e}_\theta\\&+\left(\frac{\partial T_{zr}}{\partial r}+\frac{1}{r}\frac{\partial T_{z\theta}}{\partial\theta}+\frac{\partial T_{zz}}{\partial z}+\frac{T_{zr}}{r}\right)\boldsymbol{e}_z\end{aligned} \tag{B-61}$$

3. 球坐标系

如图 B-7 所示，点 M 的位置可以由 r，θ，φ 来表示，该坐标系下的单位矢量为 $\boldsymbol{e}_r$，$\boldsymbol{e}_\theta$，$\boldsymbol{e}_\varphi$。因此点 M 的微分表达式为

$$\mathrm{d}M=\boldsymbol{e}_r\mathrm{d}r+\boldsymbol{e}_\theta r\mathrm{d}\theta+\boldsymbol{e}_\varphi r\sin\theta\mathrm{d}\varphi \tag{B-62}$$

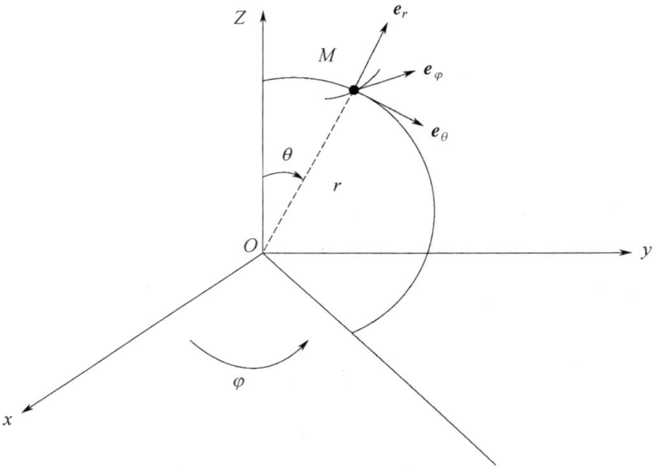

图 B-7　球坐标系

单位矢量的偏导为

$$\begin{cases}\dfrac{\partial \boldsymbol{e}_r}{\partial r}=0 & \dfrac{\partial \boldsymbol{e}_\theta}{\partial r}=0 & \dfrac{\partial \boldsymbol{e}_\varphi}{\partial r}=0\\ \dfrac{\partial \boldsymbol{e}_r}{\partial \theta}=\boldsymbol{e}_\theta & \dfrac{\partial \boldsymbol{e}_\theta}{\partial \theta}=-\boldsymbol{e}_r & \dfrac{\partial \boldsymbol{e}_\varphi}{\partial \theta}=0\\ \dfrac{\partial \boldsymbol{e}_r}{\partial \varphi}=\boldsymbol{e}_\varphi\sin\theta & \dfrac{\partial \boldsymbol{e}_\theta}{\partial \varphi}=-\boldsymbol{e}_\varphi\cos\theta & \dfrac{\partial \boldsymbol{e}_\varphi}{\partial \varphi}=-\boldsymbol{e}_r\sin\theta-\boldsymbol{e}_\theta\cos\theta\end{cases} \tag{B-63}$$

点 M 处的矢量 $\boldsymbol{v}$ 可以用单位矢量 $\boldsymbol{e}_r$，$\boldsymbol{e}_\theta$，$\boldsymbol{e}_\varphi$ 表示：

$$\boldsymbol{v}(\boldsymbol{M})=v_r(r,\theta,\varphi)\boldsymbol{e}_r+v_\theta(r,\theta,\varphi)\boldsymbol{e}_\theta+v_\varphi(r,\theta,\varphi)\boldsymbol{e}_\varphi \tag{B-64}$$

在此基础上可以得到矢量的梯度、散度、梯度的散度，分别为

$$\nabla \boldsymbol{v}=\begin{bmatrix} \dfrac{\partial v_r}{\partial r} & \dfrac{1}{r}\left(\dfrac{\partial v_r}{\partial \theta}-v_\theta\right) & \dfrac{1}{r}\left(\dfrac{1}{\sin\theta}\dfrac{\partial v_r}{\partial \varphi}-v_\varphi\right) \\ \dfrac{\partial v_\theta}{\partial r} & \dfrac{1}{r}\left(\dfrac{\partial v_\theta}{\partial \theta}+v_r\right) & \dfrac{1}{r}\left(\dfrac{1}{\sin\theta}\dfrac{\partial v_\theta}{\partial \varphi}-v_\varphi\cot\theta\right) \\ \dfrac{\partial v_\varphi}{\partial r} & \dfrac{1}{r}\dfrac{\partial v_\varphi}{\partial \theta} & \dfrac{1}{r}\left(\dfrac{1}{\sin\theta}\dfrac{\partial v_\varphi}{\partial \varphi}+v_\theta\cot\theta+v_r\right) \end{bmatrix} \tag{B-65}$$

$$\nabla\cdot\boldsymbol{v}=\frac{\partial v_r}{\partial r}+\frac{1}{r}\frac{\partial v_\theta}{\partial \theta}+\frac{1}{r\sin\theta}\frac{\partial v_\varphi}{\partial \varphi}+\frac{v_\theta}{r}\cot\theta+2\frac{v_r}{r} \tag{B-66}$$

$$\begin{aligned}\nabla\cdot(\nabla\boldsymbol{v}) &= \left(\nabla^2 v_r-\frac{2}{r^2}\left(v_r+\frac{1}{\sin\theta}\frac{\partial}{\partial\theta}(v_\theta\sin\theta)+\frac{1}{\sin\theta}\frac{\partial v_\varphi}{\partial\varphi}\right)\right)\boldsymbol{e}_r \\ &+\left(\nabla^2 v_\theta+\frac{2}{r^2}\left(\frac{\partial v_r}{\partial\theta}-\frac{v_\theta}{2\sin^2\theta}-\frac{\cos\theta}{\sin^2\theta}\frac{\partial v_\varphi}{\partial\varphi}\right)\right)\boldsymbol{e}_\theta \\ &+\left(\nabla^2 v_\varphi+\frac{2}{r^2\sin\theta}\left(\frac{\partial v_r}{\partial\varphi}+\cot\theta\frac{\partial v_\theta}{\partial\varphi}-\frac{v_\varphi}{2\sin\theta}\right)\right)\boldsymbol{e}_\varphi\end{aligned} \tag{B-67}$$

对于球坐标系下的标量函数 $f(\boldsymbol{M})=f(r,\theta,\varphi)$，其梯度、梯度的散度分别为

$$\nabla f=\frac{\partial f}{\partial r}\boldsymbol{e}_r+\frac{1}{r}\frac{\partial f}{\partial\theta}\boldsymbol{e}_\theta+\frac{1}{r\sin\theta}\frac{\partial f}{\partial\varphi}\boldsymbol{e}_\varphi \tag{B-68}$$

$$\nabla\cdot(\nabla f)=\frac{\partial^2 f}{\partial r^2}+\frac{2}{r}\frac{\partial f}{\partial r}+\frac{1}{r^2}\frac{\partial^2 f}{\partial\theta^2}+\frac{1}{r^2}\cot\theta\frac{\partial f}{\partial\theta}+\frac{1}{r^2\sin^2\theta}\frac{\partial^2 f}{\partial\varphi^2} \tag{B-69}$$

该坐标系下各二阶张量函数 $\boldsymbol{T}(\boldsymbol{M})=\boldsymbol{T}(r,\theta,\varphi)$ 的散度为

$$\begin{aligned}\nabla\cdot\boldsymbol{T}(r,\theta,\varphi) &= \left(\frac{\partial T_{rr}}{\partial r}+\frac{1}{r}\frac{\partial T_{r\theta}}{\partial\theta}+\frac{1}{r\sin\theta}\frac{\partial T_{r\varphi}}{\partial\varphi}+\frac{1}{r}(2T_{rr}-T_{\theta\theta}-T_{\varphi\varphi}+T_{r\theta}\cot\theta)\right)\boldsymbol{e}_r \\ &+\left(\frac{\partial T_{\theta r}}{\partial r}+\frac{1}{r}\frac{\partial T_{\theta\theta}}{\partial\theta}+\frac{1}{r\sin\theta}\frac{\partial T_{\theta\varphi}}{\partial\varphi}+\frac{1}{r}((T_{\theta\theta}-T_{\varphi\varphi})\cot\theta+3T_{r\theta})\right)\boldsymbol{e}_\theta \\ &+\left(\frac{\partial T_{\varphi r}}{\partial r}+\frac{1}{r}\frac{\partial T_{\varphi\theta}}{\partial\theta}+\frac{1}{r\sin\theta}\frac{\partial T_{\varphi\varphi}}{\partial\varphi}+\frac{1}{r}(2T_{\theta\varphi}\cot\theta)+3T_{r\varphi}\right)\boldsymbol{e}_\varphi\end{aligned} \tag{B-70}$$

附录 C　材料弹性参数的简化

张量形式下，一般线弹性材料的广义胡克定律可表达为

$$\mathrm{d}\sigma_{ij}=C_{ijkl}\mathrm{d}\varepsilon_{kl}\quad i,j,k,l=1,2,3 \tag{C-1}$$

其中，应力 σ_{ij} 和应变 ε_{kl} 都是二阶张量，各有 3×3=9 个独立参量；C_{ijki} 是四阶张量，由 3×3×3×3=81 个独立参量决定。若材料的物理性质不随空间坐标的改变而改变，则可认为材料是均匀的。

根据剪力互等定理和应变张量的定义，应力张量 σ_{ij} 和应变张量 ε_{kl} 是对称的，即

$$\begin{cases}\sigma_{ij}=\sigma_{ji}\\ \varepsilon_{kl}=\varepsilon_{lk}\end{cases} \tag{C-2}$$

由对称性式式(C-2) 可得，σ_{ij} 和 ε_{kl} 各自的独立参量个数变为 9-3=6。结合式(C-1)和式(C-2) 可得

$$C_{ijkl}=C_{jikl}=C_{ijlk} \tag{C-3}$$

此时，C_{ijkl} 的独立参量个数变为(9-3)×(9-3)=36。

刚度张量 C_{ijkl} 本身也是对称的。应力 σ_{ij} 可通过应变能密度 w 定义为

$$\sigma_{ij}=\frac{\partial w}{\partial\varepsilon_{ij}} \tag{C-4}$$

对于线弹性材料，有

$$w=\frac{1}{2}\sigma_{ij}\varepsilon_{ij}=\frac{1}{2}C_{ijkl}\varepsilon_{kl}\varepsilon_{ij} \tag{C-5}$$

根据麦克斯韦关系式，有

$$C_{ijkl}=\frac{\partial}{\partial\varepsilon_{kl}}\left(\frac{\partial W}{\partial\varepsilon_{ij}}\right)=\frac{\partial}{\partial\varepsilon_{ij}}\left(\frac{\partial W}{\partial\varepsilon_{kl}}\right)=\frac{\partial\sigma_{kl}}{\partial\varepsilon_{ij}}=C_{klij} \tag{C-6}$$

此时，C_{ijkl} 的独立参量个数变为 21。至此，根据 Viogt 标记法，各向异性材料的广义胡克定律可以简化为如下形式：

$$\begin{pmatrix}\sigma_1\\ \sigma_2\\ \sigma_3\\ \sigma_4\\ \sigma_5\\ \sigma_6\end{pmatrix}=\begin{pmatrix}C_{11} & C_{12} & C_{13} & C_{14} & C_{15} & C_{16}\\ & C_{22} & C_{23} & C_{24} & C_{25} & C_{26}\\ & & C_{33} & C_{34} & C_{35} & C_{36}\\ & & & C_{44} & C_{45} & C_{46}\\ & & & & C_{55} & C_{56}\\ \mathrm{sym} & & & & & C_{66}\end{pmatrix}\begin{pmatrix}\varepsilon_1\\ \varepsilon_2\\ \varepsilon_3\\ \varepsilon_4\\ \varepsilon_5\\ \varepsilon_6\end{pmatrix} \tag{C-7}$$

其中下标有对应关系 1→11，2→22，3→33，4→23，5→13，6→12（除了 $\varepsilon_4=2\varepsilon_{23}=\varepsilon_{23}+\varepsilon_{32}$，$\varepsilon_5=2\varepsilon_{13}=\varepsilon_{13}+\varepsilon_{31}$，$\varepsilon_6=2\varepsilon_{12}=\varepsilon_{12}+\varepsilon_{21}$）。

考虑现实中材料的对称性。将空间任一坐标系表示为 X_j，另一不同的空间坐标系表示为 $X_i'(i=1,2,3)$，两坐标系之间的坐标变换可定义为一个张量

$$F_{ij}=\frac{\partial X_i'}{\partial X_j} \tag{C-8}$$

根据式(B-18)，应力张量、应变张量和刚度张量的坐标变换关系为

$$\begin{cases}\sigma'_{mn}=F_{mi}F_{nj}\sigma_{ij}\\ \varepsilon'_{mn}=F_{mi}F_{nj}\varepsilon_{ij}\\ C'_{mnpq}=F_{mi}F_{nj}F_{pk}F_{ql}C_{ijkl}\end{cases} \tag{C-9}$$

由于对称性，弹性参量在相应的坐标变换下应保持不变，简记为$C'_{mnpq}\big|_F=C_{ijkl}$。在不同的坐标系下，材料的应变能（密度）应保持不变，即 $w'=w$。针对不同的材料性质，独立弹性参量的个数仍能够继续减少，下面将具体讨论四种典型材料。

一、单斜晶材料

具有一个对称面的线弹性材料（假设材料仅关于 X_1-X_2 平面对称），又称单斜晶材料，如正长石，其对称性如图 C-1 所示，可用如下坐标变换形式表达：

$$X_1'=X_1, X_2'=X_2, X_3'=-X_3$$

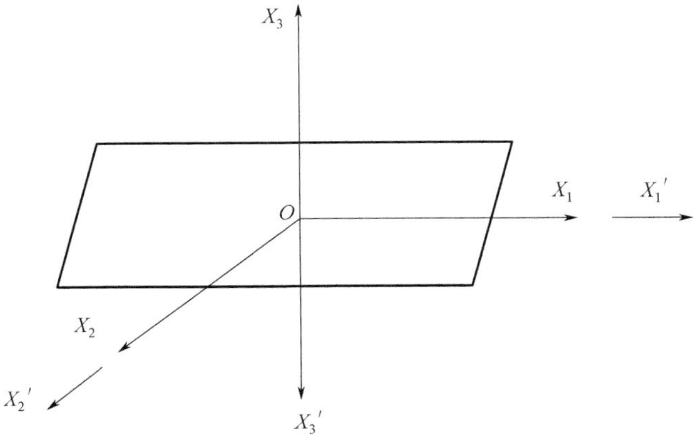

图 C-1　单斜晶材料的对称性

其坐标变换张量为

$$F_{ij}=\begin{pmatrix}1&0&0\\0&1&0\\0&0&-1\end{pmatrix} \tag{C-10}$$

结合式(C-9)和式(C-10)可得，经过坐标变换后的应变张量为

$$\varepsilon'_{mn}=F_{mi}F_{nj}\varepsilon_{ij}=\begin{pmatrix}\varepsilon_{11} & \varepsilon_{12} & -\varepsilon_{13}\\ \varepsilon_{21} & \varepsilon_{22} & -\varepsilon_{23}\\ -\varepsilon_{31} & -\varepsilon_{32} & \varepsilon_{33}\end{pmatrix} \tag{C-11}$$

回顾式(C-5)，由 $w'=w$ 和 $C'_{mnpq}|_F=C_{ijkl}$ 可得，$C_{1113}=C_{1213}=C_{2213}=C_{1123}=C_{1223}=C_{2223}=C_{3313}=C_{3323}=0$。故对于单斜晶材料，$C_{ijkl}$ 的独立参量个数变为 21－8＝13。根据 Viogt 标记法，单斜晶材料的广义胡克定律可表示为如下形式

$$\begin{pmatrix}\sigma_1\\ \sigma_2\\ \sigma_3\\ \sigma_4\\ \sigma_5\\ \sigma_6\end{pmatrix}=\begin{pmatrix}C_{11} & C_{12} & C_{13} & 0 & 0 & C_{16}\\ & C_{22} & C_{23} & 0 & 0 & C_{26}\\ & & C_{33} & 0 & 0 & C_{36}\\ & & & C_{44} & C_{45} & 0\\ & & & & C_{55} & 0\\ \text{sym} & & & & & C_{66}\end{pmatrix}\begin{pmatrix}\varepsilon_1\\ \varepsilon_2\\ \varepsilon_3\\ \varepsilon_4\\ \varepsilon_5\\ \varepsilon_6\end{pmatrix} \tag{C-12}$$

二、正交各向异性材料

具有两个垂直对称面的线弹性材料（假设材料关于 X_1-X_2 和 X_2-X_3 平面对称），又称正交各向异性材料，如木材，如图 C-2 所示，其对称性可表达为如下坐标变换形式：

$$X'_1=-X_1,X'_2=X_2,X'_3=-X_3$$

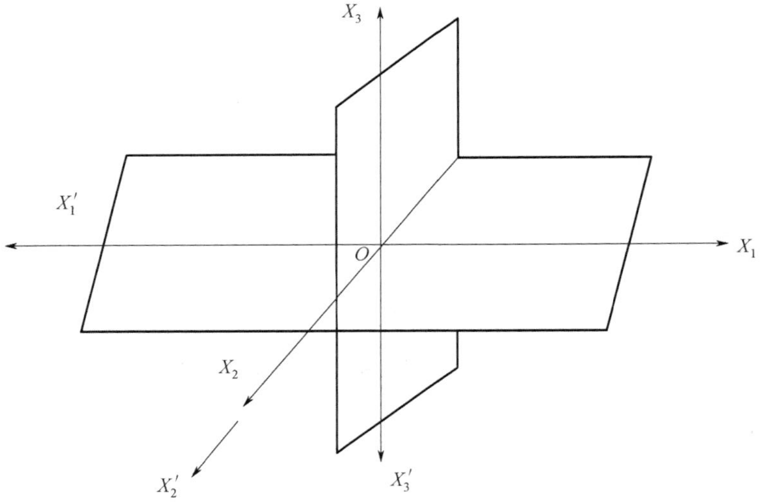

图 C-2　正交各向异性材料的对称性

其坐标变换张量为

$$F_{ij}=\begin{pmatrix}-1 & 0 & 0\\ 0 & 1 & 0\\ 0 & 0 & -1\end{pmatrix} \tag{C-13}$$

则坐标变换后的应变张量为

$$\varepsilon_{mn}'=F_{mi}F_{nj}\varepsilon_{ij}=\begin{pmatrix}\varepsilon_{11} & -\varepsilon_{12} & \varepsilon_{13}\\ -\varepsilon_{21} & \varepsilon_{22} & -\varepsilon_{23}\\ \varepsilon_{31} & -\varepsilon_{32} & \varepsilon_{33}\end{pmatrix} \tag{C-14}$$

由于一个正交各向异性材料可以认为是一个单斜晶材料因具有一个新的对称面 X_2-X_3 而形成的，因此在式(C-12) 的基础上，由 $w'=w$ 和 $C'_{mnpq}|_F=C_{ijkl}$ 可得，$C_{1112}=C_{2212}=C_{3312}=C_{1323}=0$。对于正交各向异性材料，$C_{ijkl}$ 的独立参量个数变为 13-4=9。根据 Viogt 标记法，正交各向异性材料的广义胡克定律可表示为如下形式：

$$\begin{pmatrix}\sigma_1\\ \sigma_2\\ \sigma_3\\ \sigma_4\\ \sigma_5\\ \sigma_6\end{pmatrix}=\begin{pmatrix}C_{11} & C_{12} & C_{13} & 0 & 0 & 0\\ & C_{22} & C_{23} & 0 & 0 & 0\\ & & C_{33} & 0 & 0 & 0\\ & & & C_{44} & 0 & 0\\ & & & & C_{55} & 0\\ \text{sym} & & & & & C_{66}\end{pmatrix}\begin{pmatrix}\varepsilon_1\\ \varepsilon_2\\ \varepsilon_3\\ \varepsilon_4\\ \varepsilon_5\\ \varepsilon_6\end{pmatrix} \tag{C-15}$$

三、横观各向同性材料

考虑横观各向同性材料，如沉积岩。假设材料仅在 X_1-X_3 平面内是各向同性的，新坐标系由原坐标系在 X_1-X_3 平面内旋转任意角度 α 而成，如图 C-3 所示：

$$X_1'=X_1\cos\alpha-X_3\sin\alpha,\ X_2'=X_2,\ X_3'=X_1\sin\alpha+X_3\cos\alpha$$

其坐标变换张量为

$$F_{ij}=\begin{pmatrix}\cos\alpha & 0 & -\sin\alpha\\ 0 & 1 & 0\\ \sin\alpha & 0 & \cos\alpha\end{pmatrix} \tag{C-16}$$

则坐标变换后应变张量的各分量为

$$\begin{cases}\varepsilon_{11}'=\varepsilon_{11}\cos^2\alpha-2\varepsilon_{13}\sin\alpha\cos\alpha+\varepsilon_{33}\sin^2\alpha\\ \varepsilon_{22}'=\varepsilon_{22}\\ \varepsilon_{33}'=\varepsilon_{11}\sin^2\alpha+2\varepsilon_{13}\sin\alpha\cos\alpha+\varepsilon_{33}\cos^2\alpha\\ \varepsilon_{23}'=\varepsilon_{12}\sin\alpha+\varepsilon_{23}\cos\alpha\\ \varepsilon_{13}'=\varepsilon_{13}(\cos^2\alpha-\sin^2\alpha)+(\varepsilon_{11}-\varepsilon_{33})\sin\alpha\cos\alpha\\ \varepsilon_{12}'=\varepsilon_{12}\cos\alpha-\varepsilon_{23}\sin\alpha\end{cases} \tag{C-17}$$

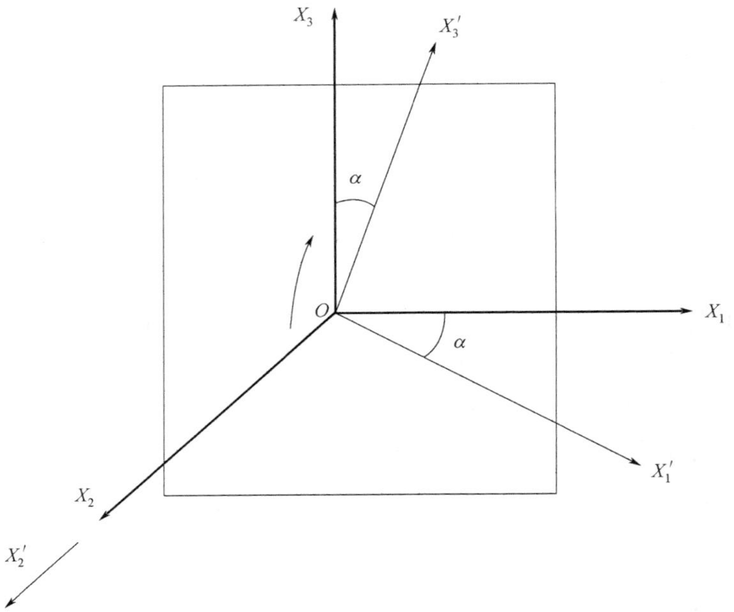

图 C-3　横观各向同性材料的对称性

横观各向同性材料可认为是正交各向异性材料的一种推广（由两垂直对称面 X_1-X_2、X_2-X_3 变为沿 X_2 轴对称），由式(C-5) 和式(C-15) 得，w 应该是 ε_{11}^2，ε_{22}^2，ε_{33}^2，ε_{23}^2，ε_{13}^2，ε_{12}^2，$\varepsilon_{11}\varepsilon_{22}$，$\varepsilon_{11}\varepsilon_{33}$ 和 $\varepsilon_{22}\varepsilon_{33}$ 的函数，即 $w=f(\varepsilon_{11}^2, \varepsilon_{22}^2, \varepsilon_{33}^2, \varepsilon_{23}^2, \varepsilon_{13}^2, \varepsilon_{12}^2, \varepsilon_{11}\varepsilon_{22}, \varepsilon_{11}\varepsilon_{33}, \varepsilon_{22}\varepsilon_{33})$。又将式(C-15)、式(C-17) 代入式(C-5) 之后，由 $w'=w$，可得

$$\begin{cases} -4C_{1212}\sin\alpha\cos\alpha+4C_{2233}\sin\alpha\cos\alpha=0 \\ -2C_{1212}\sin\alpha\cos\alpha+2C_{2323}\sin\alpha\cos\alpha=0 \\ -4C_{1111}\sin\alpha\cos^3\alpha+4C_{3333}\sin^3\alpha\cos\alpha+ \\ 2(C_{1313}+2C_{1133})(\sin\alpha\cos^3\alpha-\sin^3\alpha\cos\alpha)=0 \\ -4C_{1111}\sin^3\alpha\cos\alpha+4C_{3333}\sin\alpha\cos^3\alpha \\ -2(C_{1313}+2C_{1133})(\sin\alpha\cos^3\alpha-\sin^3\alpha\cos\alpha)=0 \end{cases} \tag{C-18}$$

由式(C-18) 对任意角度 α 都成立（即 $C'_{mnpq}|_F=C_{ijkl}$），可得

$$\begin{cases} C_{1122}=C_{2233} \\ C_{1212}=C_{2323} \\ C_{1111}=C_{3333} \\ C_{1313}=2(C_{1111}-C_{1133}) \end{cases} \tag{C-19}$$

故对于横观各向同性材料，C_{ijkl} 的独立参量个数由 9 个变为了 4 个。根据 Viogt 标记法，横观各向同性材料的广义胡克定律可表示为如下形式

$$\begin{pmatrix}\sigma_1\\\sigma_2\\\sigma_3\\\sigma_4\\\sigma_5\\\sigma_6\end{pmatrix}=\begin{pmatrix}C_{11} & C_{12} & C_{13} & 0 & 0 & 0\\ & C_{22} & C_{12} & 0 & 0 & 0\\ & & C_{11} & 0 & 0 & 0\\ & & & C_{44} & 0 & 0\\ & & & & (C_{11}-C_{13})/2 & 0\\ & & & & & C_{44}\end{pmatrix}\begin{pmatrix}\varepsilon_1\\\varepsilon_2\\\varepsilon_3\\\varepsilon_4\\\varepsilon_5\\\varepsilon_6\end{pmatrix} \tag{C-20}$$

式中，$\varepsilon_4=2\varepsilon_{23}$，$\varepsilon_5=2\varepsilon_{13}$，$\varepsilon_6=2\varepsilon_{12}$。

四、各向同性材料

考虑各向同性材料，如普通钢材。各向同性材料可认为是横观各向同性材料的推广（若材料在 X_1-X_3 和 X_2-X_3 平面内均是各向同性的，那么材料在所有方向上的性质必定是相同的）。令原坐标系在 X_2-X_3 平面内旋转任意角度 α，有

$$X_1'=X_1,X_2'=X_2\cos\alpha+X_3\sin\alpha,X_3'=-X_2\sin\alpha+X_3\cos\alpha \tag{C-21}$$

其坐标变换张量为

$$F_{ij}=\begin{pmatrix}1 & 0 & 0\\0 & \cos\alpha & \sin\alpha\\0 & -\sin\alpha & \cos\alpha\end{pmatrix} \tag{C-22}$$

则坐标变换后应变张量的各分量为

$$\begin{cases}\varepsilon_{11}'=\varepsilon_{11}\\ \varepsilon_{22}'=\varepsilon_{33}\sin^2\alpha+\varepsilon_{22}\cos^2\alpha+2\varepsilon_{23}\sin\alpha\cos\alpha\\ \varepsilon_{33}'=\varepsilon_{33}\cos^2\alpha+\varepsilon_{22}\sin^2\alpha-2\varepsilon_{23}\sin\alpha\cos\alpha\\ \varepsilon_{23}'=\varepsilon_{23}(\cos^2\alpha-\sin^2\alpha)+(\varepsilon_{33}-\varepsilon_{22})\cos\alpha\sin\alpha\\ \varepsilon_{13}'=\varepsilon_{13}\cos\alpha-\varepsilon_{12}\sin\alpha\\ \varepsilon_{12}'=\varepsilon_{13}\sin\alpha+\varepsilon_{12}\cos\alpha\end{cases} \tag{C-23}$$

同样由式(C-5)和式(C-20)得，$w=f(\varepsilon_{11}^2, \varepsilon_{22}^2\cdot\varepsilon_{33}^2\cdot\varepsilon_{23}^2, \varepsilon_{13}^2, \varepsilon_{12}^2, \varepsilon_{11}\varepsilon_{22}, \varepsilon_{11}\varepsilon_{33}, \varepsilon_{22}\varepsilon_{33})$，所以将式(C-20)、式(C-23)代入式(C-5)之后，由 $w'=w$ 可得

$$\begin{cases}-4C_{1133}\sin\alpha\cos\alpha+4C_{1122}\sin\alpha\cos\alpha=0\\ -4(C_{1111}-C_{1133})\sin\alpha\cos\alpha+2C_{1212}\sin\alpha\cos\alpha=0\\ -4C_{1111}\sin\alpha\cos^3\alpha+4C_{2222}\sin^3\alpha\cos\alpha+\\ 2(C_{1212}+2C_{1122})(\sin\alpha\cos^3\alpha-\sin^3\alpha\cos\alpha)=0\\ -4C_{1111}\sin^3\alpha\cos\alpha+4C_{2222}\sin\alpha\cos^3\alpha\\ -2(C_{1212}+2C_{1122})(\sin\alpha\cos^3\alpha-\sin^3\alpha\cos\alpha)=0\end{cases} \tag{C-24}$$

由式(C-24) 对任意角度 α 都成立（即$C'_{mnpq}|_F=C_{ijkl}$），可得

$$\begin{cases}C_{1122}=C_{1133}\\ C_{1111}=C_{2222}\\ C_{1212}=2(C_{1111}-C_{1122})\end{cases} \tag{C-25}$$

故对于各向同性材料，C_{ijkl} 的独立参量个数由 5 个变为 2 个。根据 Viogt 标记法，各向同性材料的广义胡克定律可表示为如下形式：

$$\begin{pmatrix}\sigma_1\\ \sigma_2\\ \sigma_3\\ \sigma_4\\ \sigma_5\\ \sigma_6\end{pmatrix}=\begin{pmatrix}C_{11} & C_{12} & C_{12} & 0 & 0 & 0\\ & C_{11} & C_{12} & 0 & 0 & 0\\ & & C_{11} & 0 & 0 & 0\\ & & & (C_{11}-C_{12})/2 & 0 & 0\\ & & & & (C_{11}-C_{12})/2 & 0\\ \text{sym} & & & & & (C_{11}-C_{12})/2\end{pmatrix}\begin{pmatrix}\varepsilon_1\\ \varepsilon_2\\ \varepsilon_3\\ \varepsilon_4\\ \varepsilon_5\\ \varepsilon_6\end{pmatrix} \tag{C-26}$$

参考文献

[1] Peter W. Atkins, Julio De Paula. Physical chemistry. Oxford : Oxford university press, 2006.

[2] Olivier Coussy. Mechanics and physics of porous solids. London: John Wiley & Sons, 2011.

[3] 朗道 Л Д, 栗弗席 E M. 理论物理学教程：弹性理论. 北京：高等教育出版社, 2011.

[4] 傅献彩. 物理化学. 北京：高等教育出版社, 2005.

[5] 陈惠发. 弹性与塑性力学. 北京：中国建筑工业出版社, 2003.